U0318542

后浪出版公司

实用创意时装画

Creative Fashion Drawing

（英）诺埃尔·查普曼（Noel Chapman）
朱迪思·奇克（Judith Cheek） 著
王 真 译

北京联合出版公司
Beijing United Publishing Co.,Ltd.

目　录

前　言

这本书不仅面向那些打算提高自己时装画和插图技巧的设计师，也面向那些试图通过草稿来学习如何绘制和图解时装的潜在的设计师。这是关于如何将时装理念更好传达的学问，即如何记录和发展你的想法。无论是出于你个人的享受、目标，还是试图去拥有绘制时装的特长，以帮助自身在这个行业中的职业发展。

设计过程包含了什么？什么是我们所指的灵感和研究，哪个是第一位的？如何才能运用绘画和插图应对这个难题？这本书旨在回答这些问题，也图解了时装画和时装设计的过程。

不管是什么领域的设计师，可以说，艺术家也一样，画得合理是最重要的，尽管一些流行的幼稚看法与此相反。然而，什么是合格的画，特别是合格的时装画，很大程度上取决于个人，同时要看画是否“适用”。在这一点上，我们可能会遇到一些困惑：时装画和时装插图之间有什么区别？简单来说，时装画绘制首先是先由设计师记录和发展他们的设计理念，然后把这些想法传达给他人，比如制作服装的缝纫师和工厂里的工人。而时装插图通常是受时装设计师、杂志，或者某个公关团队委托去传达设计师的理念。可能是为了清晰表达一些更宽泛的，不仅仅是服装概念的集合，或者更一般地说是设计师品牌的想法或期望的形象。这个想法或形象可能包含各种各样的无形资产：例如艺术家的工作是表达一种态度，或一种香味，因而插图可能打破许多时装画本身的规则，它提供了一个媒介使设计师可以通过这个表达自己的想法。不管时装画或时装插图背后的理由是什么，结果都需要实现其目标：“适用”。

让我们首先考虑时装画，这是一门以一种有吸引力和可理解的方式呈现人体、衣服和配件的艺术。为了理解时装画绘制背后的过程，领会设计师在创造之时可能经历的不同阶段就显得尤为重要。设计师可能会有一个想法，他需要记录这个想法——在遗忘之前把它有效地呈现在纸上。这个想法之后需要发展和完善，这通常涉及一个重画、质疑和评价的过程。这些图像描绘的是我正在思考或试图表达的东西吗？比例可以吗？轮廓对吗？细节准确、位置合适吗？色彩是否平衡？服装的裁剪和制造也是设计理念的一部分，需要给予适当考虑和关注。这些只是要做的许多判断中的一部分，所有的这些将有助于设计的成功实现。想法、最终结果和第一份草稿相比都有

尼尔·格里尔（Neil Greer）
这个数字制作的插图是使用手写笔、绘图板和计算机软件Painter手绘而成的。

罗莎琳·肯尼迪
（Rosalyn Kennedy）
客户：布鲁斯·欧菲尔德
（Bruce Oldfirld）
毛笔和蜡笔，彩色安格尔纸。

凯塔琳娜·古尔德
（Katharina Gulde）
客户：ONLY Bestseller
手绘和数字绘画结合。

显著变化，绘画和设计的过程不可分割地交织在一起。

这本书会通过一系列的教程指导你，旨在帮助你创建更好、更专业的画稿。它还鼓励你努力透过一系列拥有不同潜力的介质、技术和风格去展现你绘画的个性。

我们将谈论设备和材料，从最基本的到一系列更专业、更富实验性的介质，包括一部分有关计算机绘图的知识以及它们的使用方法——但你首先必须能够用手画。为了达到这个目的，我们先学习如何画一个模型：人体——静态的、摆出姿势的和运动中的——然后再画着装的人体。这个永远是学习时装画的起点，我们会详细分析如何准确描绘人的比例和细节，如手、脚、头、头发和脸。需要着重指出的是，在为所绘人物选择适合的造型和外观这个阶段，就像为真正的服装挑选真人模特一样，外观和姿态对整体的成功有重要的意义——不合适的模特有着不合适的头发和外观，这不能辅助完成好的服装设计。

接下来，我们将看看如何绘制不同的面料，先关注他们的外观和质感，比如是否是粗花呢制，厚实型还是顺滑轻薄型，等等。然后你就可以在人体上拟定衣服的设计。在进展到更精细的要点（比如样式和结构线，以及如何绘制口袋、衣领、缝线等其他细节）之前，先完成适合的轮廓，调整正确的比例。

一旦设计被完善，作为一件艺术作品的时装画必须完成它的颜色、纹理和图案。我们也展现如何绘制“平面款式图”（flats）——生产服装所需的技术或规格图纸——清晰准确地标示服装的比例、结构和细节的位置等等。这些款式图都抽离了人体，就如真正的服装被平放在一个桌面上。显然我们还涉及如何画配件，借助理念和技术来帮助你更清晰地呈现你的想法。

最后一章展示了一些国际设计师和艺术家绘制的各种各样的当代时装画和时装插图。这是为了给你提供灵感并展示一系列难以想象的风格，所有这些都以它们自己的方式达到了“适用”。

第1章

设备和材料

当询问任何一个设计师绘图和设计需要什么材料和设备时，你会得到很多不同的答案。但许多人会建议你在开始之初准备几支普通的铅笔和一些普通的纸张。这是好的开头，不过，正如任何设计师都认同的那样，你很快就会开始偏爱某些类型和品牌，熟悉它们的使用方式和特点，并得心应手地使用起来。你的手的大小和形状，绘图的速度和尺寸，以及用笔的力度都会影响你对工具的选择，这还是在我们开始考虑你希望在实际图稿中所能达到的效果之前。同样的，设计师往往更喜欢特定的速写本，无论它们是大是小，风景或肖像，活页或线装或折页装。本章的目的是揭示如何选择市面上的产品以及不同类型材料的属性和优点。

你的工作空间

虽然速写本你可以随时随地使用，不管是室内还是室外，但是有一个专门的工作区仍是一个好想法——一处可以根据自己的需要来调整和提升工作效率的地方。它应该有良好的自然光源，可能的话最好靠近窗户。理想情况下，为了更准确地进行色彩工作，需要配一个装有日光灯泡（全光谱）的可活动工作灯。这空间应该提供一个让你可以集中精力的地方，并且所有需要的工具都随手可得，在这里你可以安心地开始工作而不会有任何干扰。

有一张坚固的办公桌或普通桌子和一把舒适的靠背椅也很重要。很多设计师喜欢在一个倾斜的表面作画。这并不需要太复杂，它可以只是一块画板，后面支撑一小摞书籍或杂志。一般，最好是用一个木制的A2画板，因为它易于使用的同时有一个足够大的表面。最小的尺寸是A3。

基本设备和材料

一个设计师可能满足于普通的绘图笔或铅笔，以及一大沓散装的纸，但对一个优秀的插画家来说这远远不够，他们通常会有一系列的铅笔、彩色铅笔、各种绘图笔、很多类型的纸以及几种黏合剂。下列所有用法描述是基于制造商的指南，但是你可以也应该根据你的喜好去尝试混合各种材料。

握 笔

在我们考虑不同类型的材料之前，区分正确和错误的握笔方法是至关重要的。它听起来可能很教条，但数千年的经验表明，以某种特定方式握绘图工具，可以产生更好的结果，所以纠正握笔方法是值得的，如有必要可以完全重新学习。

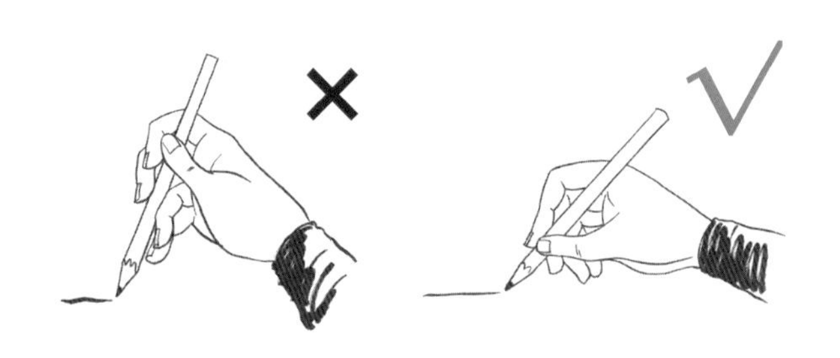

基本设备

- 铅笔按软硬分等级，H表示硬度，B表示软度。均用数字表示等级，数值越大的H铅笔越硬，数值越大的B铅笔越软，反之亦然。可以选择一些不同等级的铅笔试验一下。自动铅笔内部装有一根可以上下移动的铅芯，也有不同等级的铅芯。这种铅笔对于快速、清晰地记下想法是非常有用的，而且易于使用和保养，也不需要卷笔刀。它们比普通铅笔要贵一点，但是在你外出使用时它们就很有用了。
- 彩色铅笔是画好色彩的一个好选择，普通的或是水溶性的都可以，不过后者能表现出一种更柔和、更朦胧的效果。无论什么东西，质量不同，你得到的效果也不同，但是，开始的时候只需要选用20种左右的基本颜色，你可以根据自己的需要增加。你需要小心保管彩色铅笔——不要经常掉落或碰撞它们，不然很容易会折断它们中间的芯。如果你打算将它们带在身上，把它们放在盒子或一个合适的容器里。
- 圆珠笔（ballpoint pen）和中性笔（rollerball pen）被广泛使用，它们（包括那些用中性油墨的笔）都很容易买到且使用起来很方便。和其他所有绘图工具一样，根据自己的需要选择那些用着舒适的。在美术商店购买前可以先试一试。
- 细纤维笔（fine fibre-tipped pen）或细签字笔（fine-liner pen）的笔尖最细的只有0.05毫米，粗的可达0.8毫米，它们很适合绘制“平面款式图”，同样也能绘制普通素描。各种笔之间差异巨大，你的决定取决于你希望呈现的效果。有的能画出非常干净的图形外观，有的则运笔更流畅，不同的品牌也有所不同。它们不是水性的就是酒精性的。
- 各种粗细的百丽笔（brush pen）能让插画家画出流畅的线条，和画刷一样快速、灵巧、富有表现力的线条，同时它们还拥有和纤维笔一样的清晰性和便利性。在描绘不同的面料时，百丽笔和细纤维笔都很适于给时装画添加各种布料的纹理。
- 订书机和黏合剂（如不透明胶带、透明胶带和双面胶）可用于遮蔽画面的某些区域，黏合固定图层以及黏合不同材料。
- 固体胶可用于把额外的东西（比如碎片材料等）黏到速写本上。
- 不同质量的散装纸都很容易买到，主要是按重量划分等级。80克/平方米（gsm，下文简称“克”）或90克的A4纸是不错的基本用纸。速写本有不同的纸张质量和尺寸，一个标准A4大小、用厚图画纸（cartridge paper）制成的速写本通常就够用了，虽然那些更喜欢大空间的人应该去选用A3的纸。A5的便签本是出行时的口袋必备品。更多关于纸的介绍见第8页。

硬性铅笔

中性铅笔

软性铅笔

彩色铅笔

圆珠笔

0.05毫米的细纤维笔

0.5毫米中等纤维笔

0.8毫米粗纤维笔

百丽笔

水性粗纤维笔

彩色纤维笔

不同颜色的酒精性
粗纤维笔

配备你的工具包：试验的和专业的工具

一旦你已经掌握了一些基本技巧，你就可以更有信心地通过试验更广泛的专业工具来建立自己的技艺。这些被称为“干材料”或“湿材料”。另外还有许多类型的纸可以用来探索和完成一些不同的效果。

干材料

- 石墨铅笔种类繁多，硬铅芯可以画出一条非常细、淡淡的线条，黑而柔软的铅芯可以用手指涂抹，画出一条更粗糙、更流畅的线条。
- 瓷器记号笔（chinagraph pencil）是蜡制的，可以在任何表面上做醒目的标记。
- 龚戴铅笔（conté pencil）是非常坚硬的色粉笔，它们可以表现从非常柔和到深色且模糊的标记等一系列不同的效果。
- 炭笔本质上就是做成铅笔样子的木炭条，这意味着它们不像炭块那样凌乱。可以买这种样子的各种不同等级的木炭条。它非常流畅，可以在最大程度上画出多种多样的线条和标记——从非常柔软、细腻的线条到深色、粗重的涂鸦——但是所有的这些都很容易被弄脏。
- 色粉笔有软有硬。颜料是由黏土，阿拉伯树胶与油彩混合而成，其价格反映出所含纯颜料的数量。前三个饱和度所含的色素最多，价格也最昂贵，随着白垩添加得越多，它们的颜色变得越浅，价格也越低。因为他们价格昂贵，你可以先尝试一到两种，看是不是你想要用的媒质。通过覆盖、涂抹及混合不同颜色可以达到柔和、细腻的效果。
- 油画棒是由颜料、蜂蜡或矿物蜡以及不干性凡士林组成。它们非常光滑，能画出非常粗重、富有质感的线条，极其适合于画快速的写生习作。另一个特点是这些油画棒可以用于画大面积的色彩，然后可以用打火机燃料、石油溶剂或松节油混成一片平涂的色块。

湿材料

- 马克笔使用的是酒精性的颜料，有极其丰富的颜色可选。每支笔通常有两种不同大小的笔尖，这让它们有多种用途，并且可以干净和快速地平涂出色彩。
- 水彩是由颜料与阿拉伯胶、甘油、树脂和糖混合制成。用画刷把水和颜料画到纸上，能画出大片的淡彩，或用于建立某种色调的色彩层次。干燥以后再添加下一层颜色就可以了。
- 彩色和黑色墨水其实就是浓缩过的水彩颜料，使用方法也很相似。它们能表现非常强烈的色彩，如果插图需要复制时会非常有用。可以用画刷画出淡彩，也可以用水笔画出活泼的、粗糙的线条或添加有趣的细节。
- 水粉颜料，一般称为设计师的水粉颜料，是一种不透明的水性颜料，可用于铺设平涂的色彩。
- 定画喷液是在插图完成后用于固定画面上铅笔，蜡笔，炭笔以及色粉笔画出的部分。
- 喷漆（Spray Mount adhesive）在架设工作台时必不可少。一定要在一个通风的房间使用，以避免气体的积聚。

干材料

石墨铅笔

瓷器记号笔

龚戴铅笔

炭笔

色粉笔并用手指涂抹

油性油画棒并用石油溶剂混合

湿材料

钢笔的笔尖和墨水

粗笔尖的马克笔

细笔尖的马克笔

屏蔽液上的水彩

蜡笔笔迹（蜡会排斥水）
上的浓缩墨彩

水粉

纸

- 普通散装纸对于粗略地呈现想法非常有用。打印纸通常是A4和A3大小，重量约80克。最经济的方法是从办公用品供应商那里整令(一包500张)购买。
- 草图画纸（layout paper）比打印纸更薄——约45—55克，是半透明的。你可以绘制一系列的草稿，把一张草稿盖在另一张上面修正图像，重画并调整到“完成的草稿”为止。最简单的方法是买一本便签本并从最后一页开始往前画。酒精性马克笔和纤维笔容易渗透到纸下面，意识到这一点后，许多设计师会在绘图纸下面插入一张厚纸作为保护。

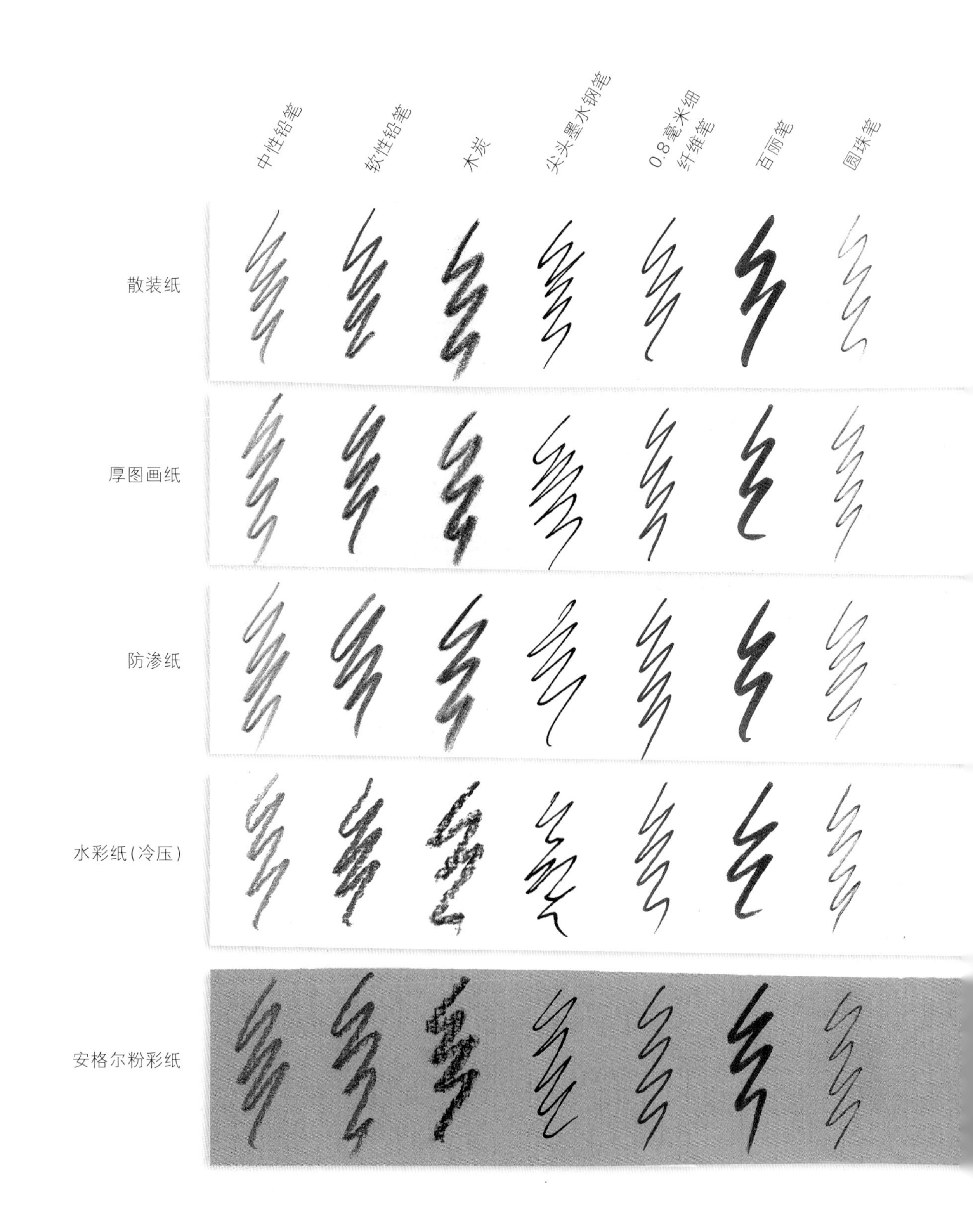

- 厚图画纸较重，比打印纸或草图纸的质量更好，并且可以用于各种介质。如果你想尝试不同的铺色方法，这是一个经济的选择。它有做成速写本形式的，有各种不同的尺寸，也有单张的。
- 防渗纸（约70克）可以和酒精性马克笔配合使用，使你能够画出边缘清晰的平涂色彩。虽然你可以在任何纸上使用马克笔，但画出的线条会显得较深、较暗，不均匀，边缘柔和而模糊，所以如果你想画出一个清晰的、可靠的画面，防渗纸是最好的选择。可供选择的包括较重的巴黎防渗纸以及布里斯托尔卡纸（bristol board）——一种约250克的光面双面纸，双面皆可用。最好是使用重量更重的纸张，如果完成图所用的纸太薄，放在公文包里会很快变皱。薄的纸更适合于图稿的打印。

- 水彩纸一般是用来画水彩画和彩色墨水画。它有三种类别："冷压"（被称为NOT），表面有粗糙的纹理，适用于透明的淡彩和墨水；还有一种比较粗糙的类别（被称为ROUGH）；"热压"（被称为HP）有平滑的光洁度，更适合于不透明颜料，比如水粉。各种水彩纸拥有不同的质地以及重量，最轻的约160克。多多尝试，找到自己喜欢的种类。
- 安格尔纸适用于色粉画、水粉画或拼贴画。这是一种漂亮、表面布满纹理的纸，它的名字来自广受喜爱的法国新古典主义画家安格尔。
- 除了你可以买到的纸张外，你还可以使用从杂志上撕下来的纸片或收集到的各种质感、各种颜色的纸，来拼贴作品或做出更富实验性的画作。

额外设备

- 透写台有时挺有用，但如果你喜欢直接在画纸上作画，就不太需要。然而，如果你先画一个草稿，然后将其附在透写台上，再放一张新纸在它上面，描摹下面的草稿。你可以很容易发现此方法同样适用于把草稿附在一个明亮的窗口上，然后在另一张纸上描摹这个草稿。
- 电脑、打印机和扫描仪虽然不是必不可少的，但可以提供有益的额外帮助。有许多方法可用来提高手绘稿的质量，比如添加颜色和纹理、改变扫描图的大小、合并多张图稿或者通过插入照片、图像和文字来创建拼贴作品。然而你应始终牢记，"……这些方法并不能提高创造力，只能作为拓展想法的工具……"（帕特里克·摩根［Patrick Morgan］）。

第2章

解剖和姿势

画时装画的第一步是画出一个身形——一个要穿着你的设计作品的模特。你最终可能不断改变模特的特征，但开始的时候，最好还是先完善一个比较基本的形象，以适应不同的用途。在本章中，我们会详细研究如何画出符合各年龄段身体比例的男性和女性；如何绘制不同的姿势，包括静态和动态；以及如何准确地描绘细节，如手、脚、头、头发和脸。

一旦你已经完善了这些技能，并完成了一个生理上准确的人体之后，重要的就是要发展出自己的个人风格，本章包含了多种不同的例子，横跨各种媒介，包含各种风格，可以为你提供灵感。你可以通过改变肤色、头发、妆容等轻松画出个人化的人体，你应该多尝试几种选择。为你画的人体选择造型和外貌，就如同为真人模特选择服装，恰当的外观和姿态是插画整体成功的要素。

完善好之后，这个模板可以放在绘图纸下面，你可以轻松地描摹人体的外形。另外你可以在复印机或电脑中将人体的尺寸缩小或放大，以便它可用于任何尺寸的时装画，也可以复制许多可用于描绘时装展的不同的形态。

时装人体的比例

所有的时装艺术家在画人体比例时都有一定的创作自由度——一些与众不同的特点。这是因为拉伸人体可以提高设计的吸引力。夸张的程度要依据最后的结果和所要达到的目的，一个相当标准的女性时装人体是七个半到八个半头高，而一个男性人体大概是九个头高。

画时装模特时把它想象成一个真正的人体会有很大帮助，设想支撑它的骨骼，它包裹并保护着的器官，它在何处及如何弯曲、扭转，让它进行运动的关节和肌肉，重量分布以及随着身体移动这些重量分布如何变化。考虑身体占据的物理空间以及透视如何影响我们的空间视野也同样有用。上一点人体素描的课有很大的益处，因为它能扩展你描绘人体形态方面的知识和经验，还可能让你有机会尝试一系列不同的媒介。任何事情都可以熟能生巧。

这些草图展示了一个简单的静态姿势，图中演示了如何用头部作为尺寸基准来勾画一个时髦的人体。

注意定义男性人体和女性人体的特征差异：女性的身体具有比男性更窄的倾斜的肩，更细的腰部和更大的臀部（约与肩同宽）。她的胸部更圆，位于腰线以上的中间的位置，颈部和四肢比较苗条，肌肉覆盖较少。另一方面，男性人体的肩膀比他的臀部更宽，有着更粗更短的脖子，他的身体在比例上更长，这形成了更低的腰线和一个更近似方形的胸部，它们略高于腰线以上的中间位置。四肢较粗壮，通常拥有更多的肌

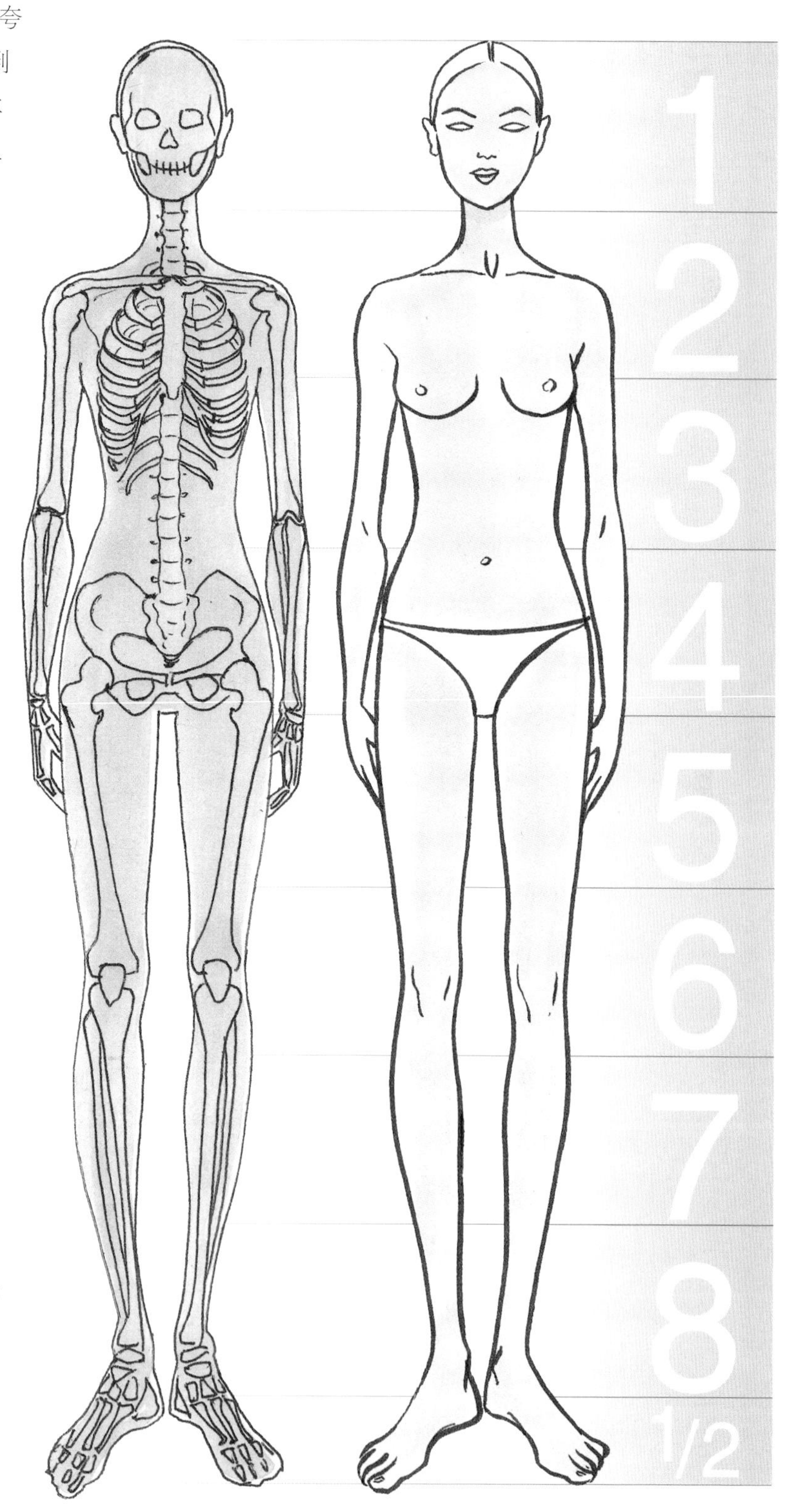

肉，更大的双脚使他能更稳固地站立于地面。许多设计师和插画家最初常难以画出看起来可信又时髦的男性人体，但还是那句话，熟能生巧。

直立姿势是最容易画的，手臂的位置有许多简单的摆放方式。穿上衣服后也比较简单清晰。

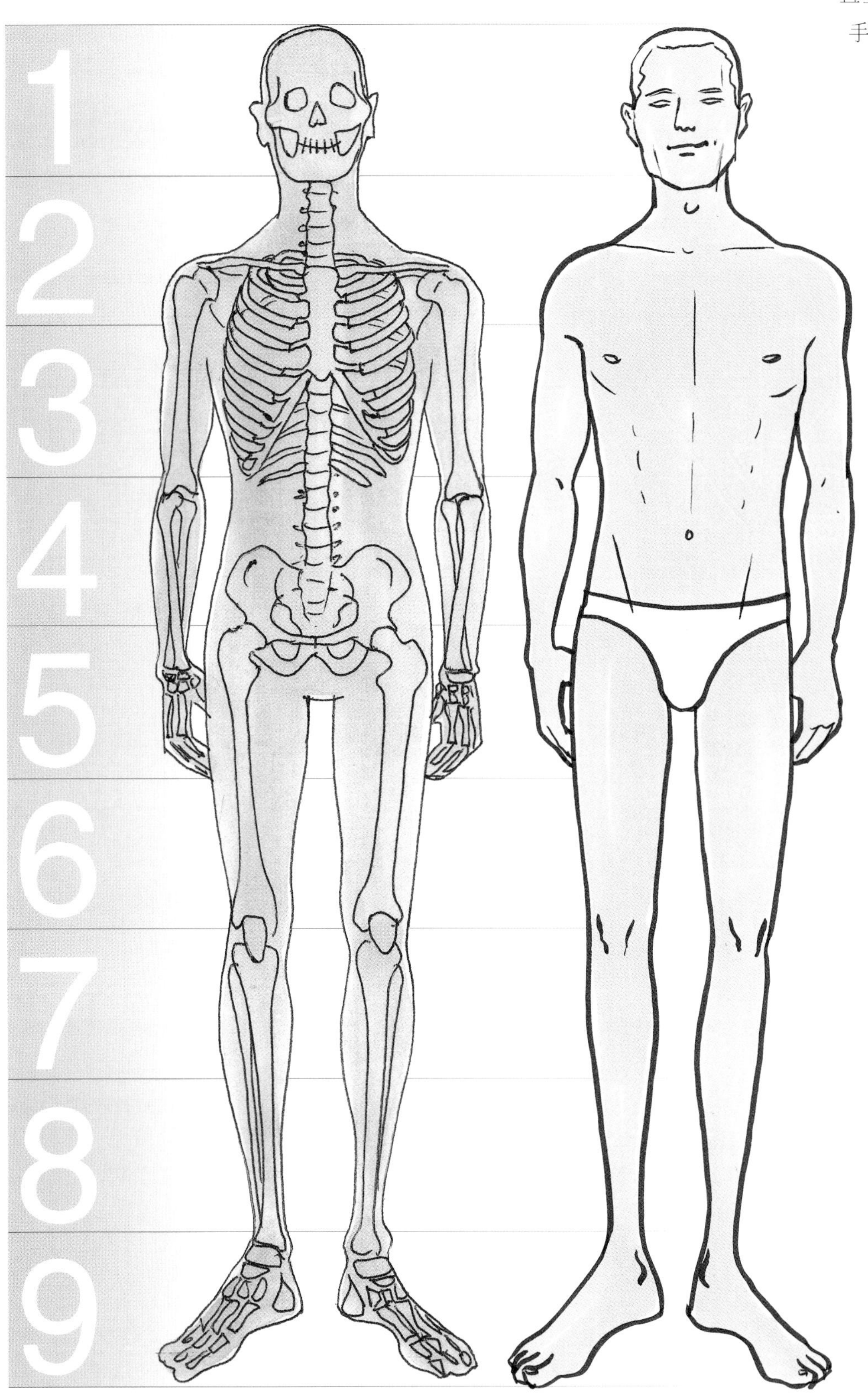

不同年龄

在这里，我们要描绘整个家庭的人体，每个人都有其自身的特点，为了画出准确的比例，描绘时必须加以考虑。

事实上孩子的发育程度有很大不同，使得难以创建一个适合各年龄组的明确的比例模板。正如父母所知的那样，针对特定年龄的服装的大小范围千差万别，不同品牌有不同的标准。如果你为童装公司设计或绘制时装画，公司应提供自己的尺寸表。不过，也有一些一般的原则：

- 婴儿的头约占身体总长度的四分之一。到一周岁，此时头的大小约是其成人后的头的大小的三分之二，所以此后大部分的增长都将是躯干和四肢。婴儿脖子短，几乎看不见（从艺术家的角度），躯干大而圆。他们小而胖的四肢是弯曲的而不是直的。
- 幼儿的身体通常约为四个半头高。肩膀的宽度和头部的高度相同，他们身体呈圆筒状，有时肚子较圆。一个刚蹒跚学步的孩子姿势应该是相对静态的，因为他们刚开始学习站立和行走，所以脚都稳固地踩在地面上。
- 年幼的儿童身高约五个头高，因为这些活泼的儿童很少待着不动，所以应该描绘更为动态的姿势。
- 年长点的儿童身高范围是六个到六个半头高，然而这个年龄段的男孩和女孩的身高差异很大。他们仍旧保有着圆柱形的躯干和一个非常笔直的身形，不过年龄较大的女孩，约从九岁或十岁开始，在腰线位置有轻微的凹陷，女孩的腰线通常要高于男孩的。年龄大点的男孩有较长的躯干，苗条的臀部和比女孩稍宽的肩膀。
- 青少年时段（有时在商店里也被称年轻人），这个年龄段的孩子的身高是七个或八个头高。由于荷尔蒙

的变化，男性和女性的身体特点变得更加明显，青少年的身体比例和年幼儿童的大不相同。男生们身高较矮，臀部比较窄，躯干要长得多，这使得手臂和腿显得更短。头部大小的差异也很明显，与头部较小、面容娇小的女孩相比，男孩的面部特征显得更加棱角分明。由于体重随着年龄的增加，两性身体肌肉方面的差异更为明显。

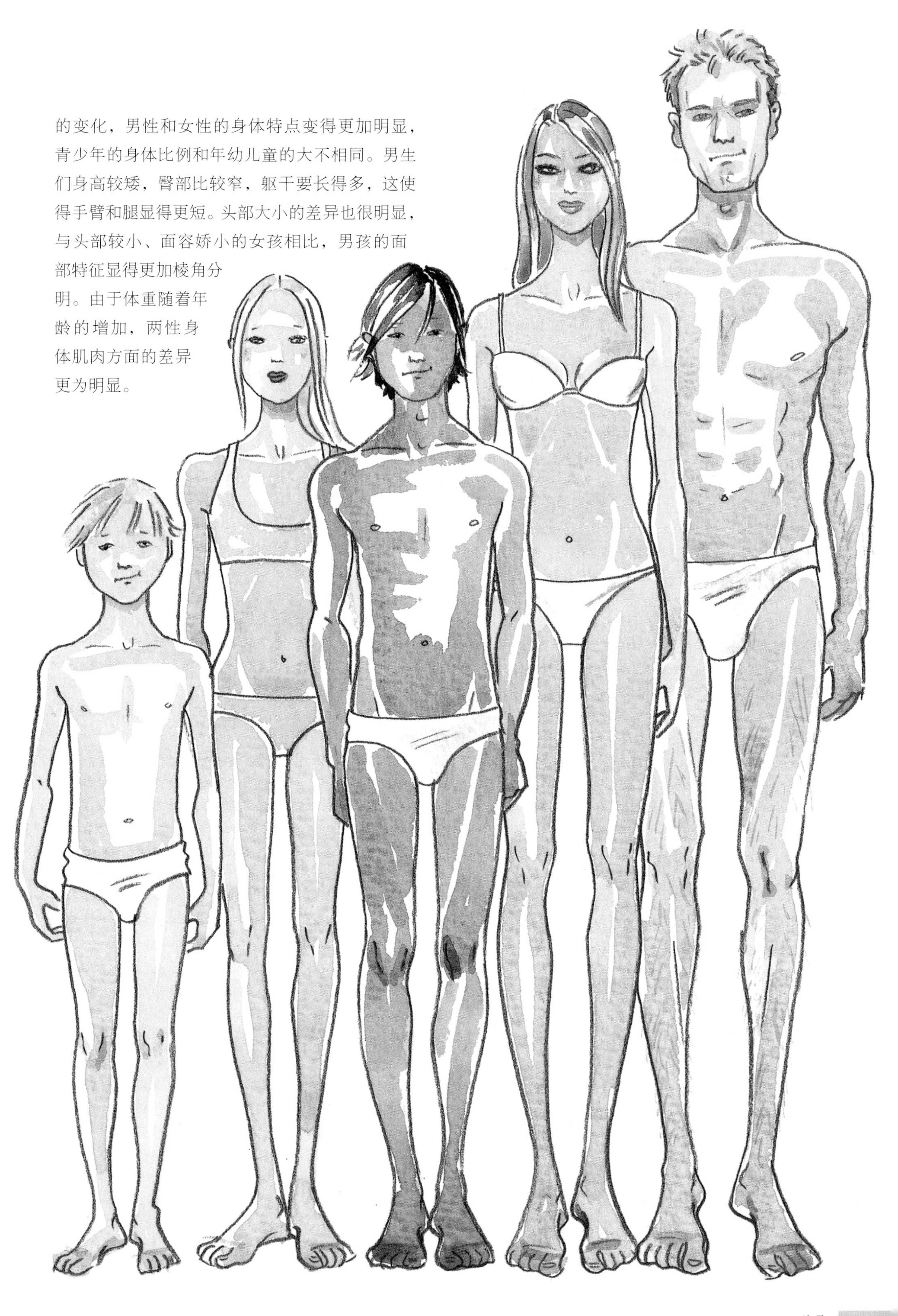

比例和人物性格

正如我们已经看到的那样，身高约七个半至八个半头高的人体比例通常适用于合乎时尚的人体而不是过度程式化的女性人体，而且几乎已成了一个行业标准。然而，在遵从这个基本指南的前提下，你可以在五官、化妆和发型设计上表现独立性和个性。此外如果项目允许更多的发挥余地，你可以画一些有趣的比例。较大的头部，可以带给模特古怪的外来气质，或者天真且招人喜爱。同样的，较小的头部可以带来漫画式的动人效果，或者稍微有点昆虫化，甚至邪恶的样貌！过度拉长和瘦弱的人体非常惹人注目，比如阿尔贝托·贾科梅蒂（Alberto Giacometti）的雕塑作品，一方面高大朦胧，另一方面拥有令人惊叹的时髦和优雅。夸张的大脚让人

体坚定地立在地面上，这可以让人物性格显得十分强悍，或者正相反，带来令人惊讶的孩子般的天真烂漫。

通过一切手段试验，但请记住如果身体过分夸大的话，那么将很难在设计整套服装时让各个重要细节都能合身。假如你的模板符合经典比例，设计过程通常比较容易，而且能避免不必要的麻烦。对绘画风格和内容进行试验和批判性的评价，将帮助你在机智和个性之间实现恰当的平衡，这种稳妥的图稿能将设计成果以一种可信的且有吸引力的方式展示出来。如果你选择遵循一个更另类的路径，用一组明确的平面款式图来解释插图（见第84—86页），这将解决制造服装时可能出现的任何困难。

创建模板

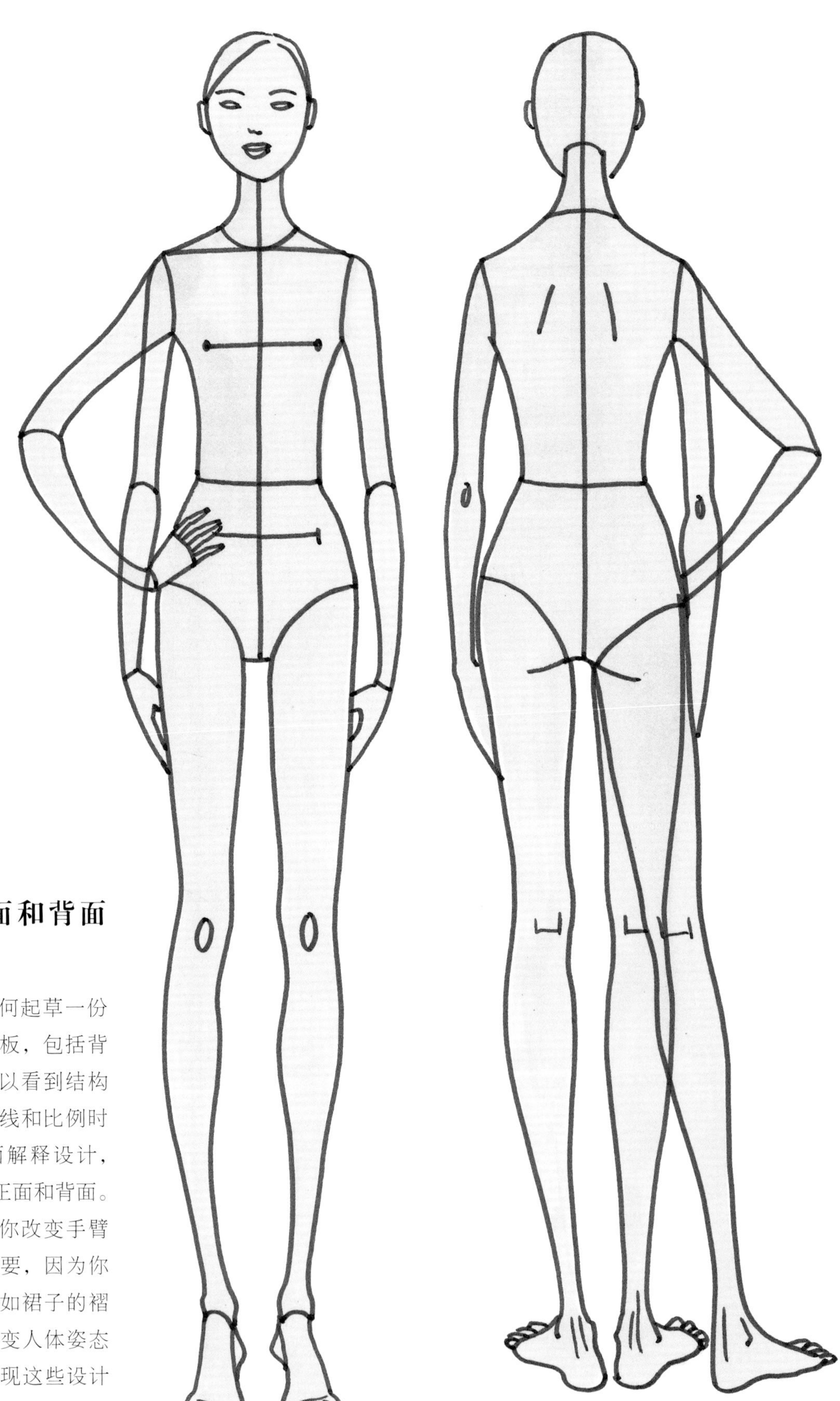

标准的直立正面和背面视图：女性

在这里，我们看到如何起草一份简单的直立姿势的模板，包括背面和正面视图。你可以看到结构线在建立服装的设计线和比例时非常有用。为了全面解释设计，大多数设计需要展示正面和背面。

该模板还可以让你改变手臂和腿的位置。这很重要，因为你可能需要图解细节，如裙子的褶皱或袖子的体积，改变人体姿态将使你能够准确地展现这些设计特点。

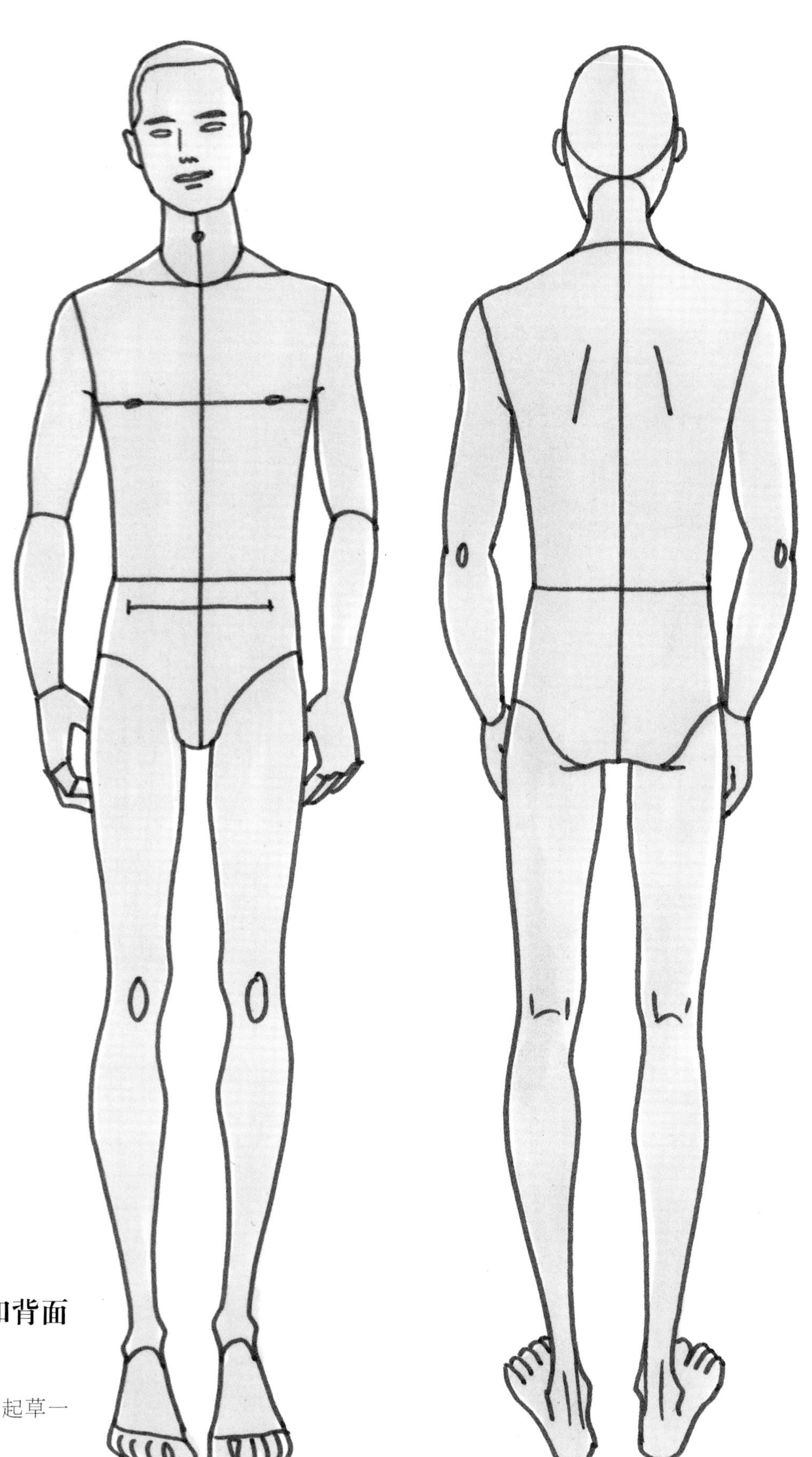

标准的直立正面和背面视图：男性

相同的基本准则适用于起草一个男性的模板。

用照片中的姿势创建模板

第一步是通过杂志或精选集挑选模特的照片，并从中选择一个你喜欢并适合你所做项目整体氛围的姿势。下一步是通过描摹照片上的模特复制姿势。你可能会注意到，真人模特和第12—13页描述的模板相比似乎太短且不够优雅，所以你需要在适合的范围内加入一点点创意并加以调整，使之与其他时装人体更协调。

如果你有透写台，可以用描图纸或草图画纸，仔细按照照片中人体的轮廓稍向里描绘，使其成为更苗条的时装人体模特。你也应该稍微拉长颈部，并把头画小点。在身体中线下方以及贯穿肩膀、腰部和臀部的部位添加比例线和平衡线，因为这将有助于你在成品模板上加衣服。

现在再看看你的新的轮廓图，不看底下的照片。你可能需要稍微改进其比例和外观。

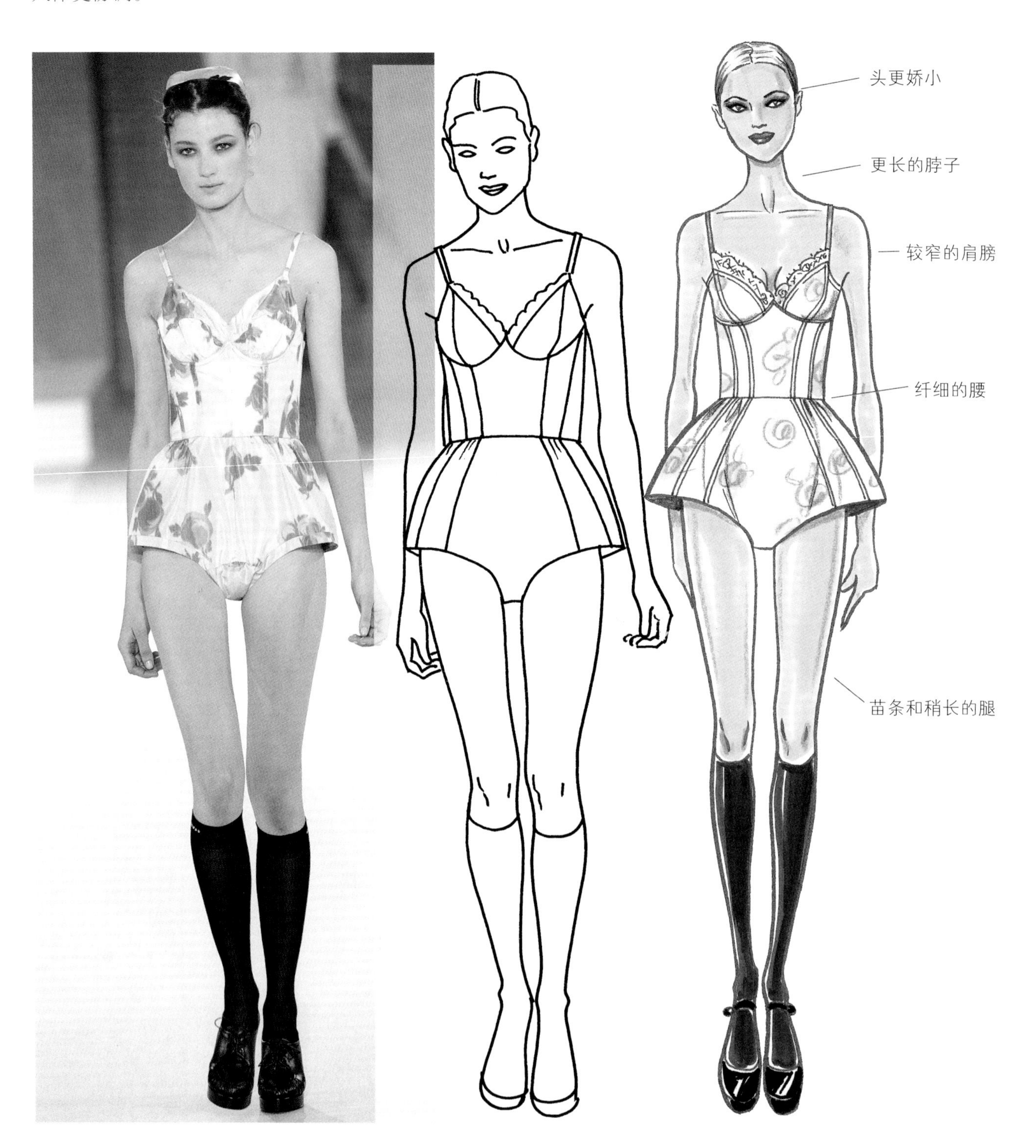

一旦你对你描绘的轮廓感到满意，要么用细纤维笔或圆珠笔描上墨水并擦除铅笔痕迹，要么干脆复印铅笔画——复印本的线条要足够黑以便作为模板使用。

另一种方法是用剪刀或美工刀小心地切出模型。然后，你可以横向切割人体，切成六片，可以在以下部位之间的中线进行切割：脚踝和膝盖，膝盖和腿的顶部，手腕和肘部，肘部和腋下，最后是沿颈部切割。在一张干净的纸上重新排列照片，可以在不同块之间留下空隙，延长人体到所需的比例，确保各个部分安排妥当。一旦你满意整体的外观，使用透明胶带固定各片的位置，在上面盖上描图纸。现在你可以描出拉长了的身形轮廓。如果最后描绘轮廓过长，可以使用一台复印机缩小模板至合适的大小。

这两种方法都可以被用于创建男性、女性和儿童的模板。

绘制头部

你的人物已经有了一个更精致的姿势，现在你可以将它转变成一个拥有形象和特征的模型。面部表情是创造一种态度或氛围的关键，头发和化妆也是鲜明的时代标志。收集杂志上你觉得能给你灵感和启示的图片。

大多数头呈卵形，脸的长度大致与手相同，这是一个有用的建立比例的指南。开始练习绘制一个简单的、无表情的脸，然后随着你更自信和更有个人风格，你就可以开始试验更多的五官和表情，以增添特色模板。

绘制一个女性的头部

1. 画一个蛋形并用两条线标示出脖子。画一条垂直通过椭圆形的中心线。这中线将具有标记位置的功能。请记住，如果头倾斜一侧，该线随之移动。
2. 在头的一半的位置画一条水平线。
3. 在水平中线上画上杏仁状的眼睛，并使它们相距一个眼睛的宽度。
4. 标记鼻子和嘴的位置，占下半部分的三分之二。
5. 标注鼻子和嘴的宽度，从眼睛的内边缘线垂直向下画是鼻子的宽度，在虹膜的内边缘来显示嘴的宽度。你也可以粗略从眼睛的外边缘画垂直向下的线以检查颈部的宽度。顶部的耳朵应该大致与眉毛和鼻子底部对齐。
6. 试着增加一些发型。当你画头发的时候记得不要试图将每根头发都画出来，因为当你看别人时，也不是把对方的每根头发都看清楚了。这是整体的轮廓和颜色，并且有可能给你留下动感的印象，而且这种整体形象才是你应该去创作的。选择画哪种发型会影响你对使用材料的选择。对于时装设计师而言，头发相对于衣服来说是次要的，只要发型和整体形象比较搭配就可以了。稍加练习后，用百丽笔或者粗糙的油画棒刷刷点点几下，就可以画出美妙的拉斐尔前派式的浓密长发或者卷曲的“科莱特”波波头。粗野的乱画很

难出现正常效果，而且往往显得凌乱而不是别致。进行有趣的尝试吧！

7. 绘制正面头部时用同样的原则，展示以四分之三的侧面为例。
8. 这同样适用于正侧面视图。
9. 在这里我们可以看到，手大致与脸的长度相同，从发际线到下巴。

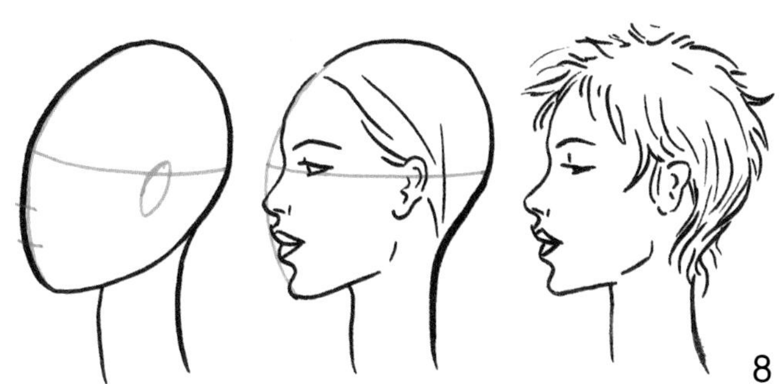

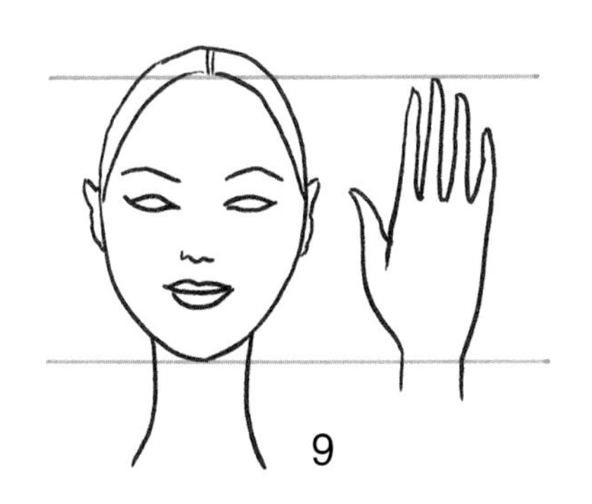

绘制一个男性的头部

男性头部的比例常常比女性大一点点，遵循以下的指南会帮你把时尚的绘图工作做得更好。让我们从一个非常基本的形状开始。这里的蛋形在下巴处更方，而方形的下颚线使面部看起来更为男性化。脖子也将比女人的粗一点。

跟绘制女性一样，绘制头发的时候你画的是头发形状和颜色的整体感觉，而不是一缕一缕得画。宽的地方用马克笔，几笔带过的地方用百丽笔就够了。使用杂志里的形象作为参考去练习画你认识的人。

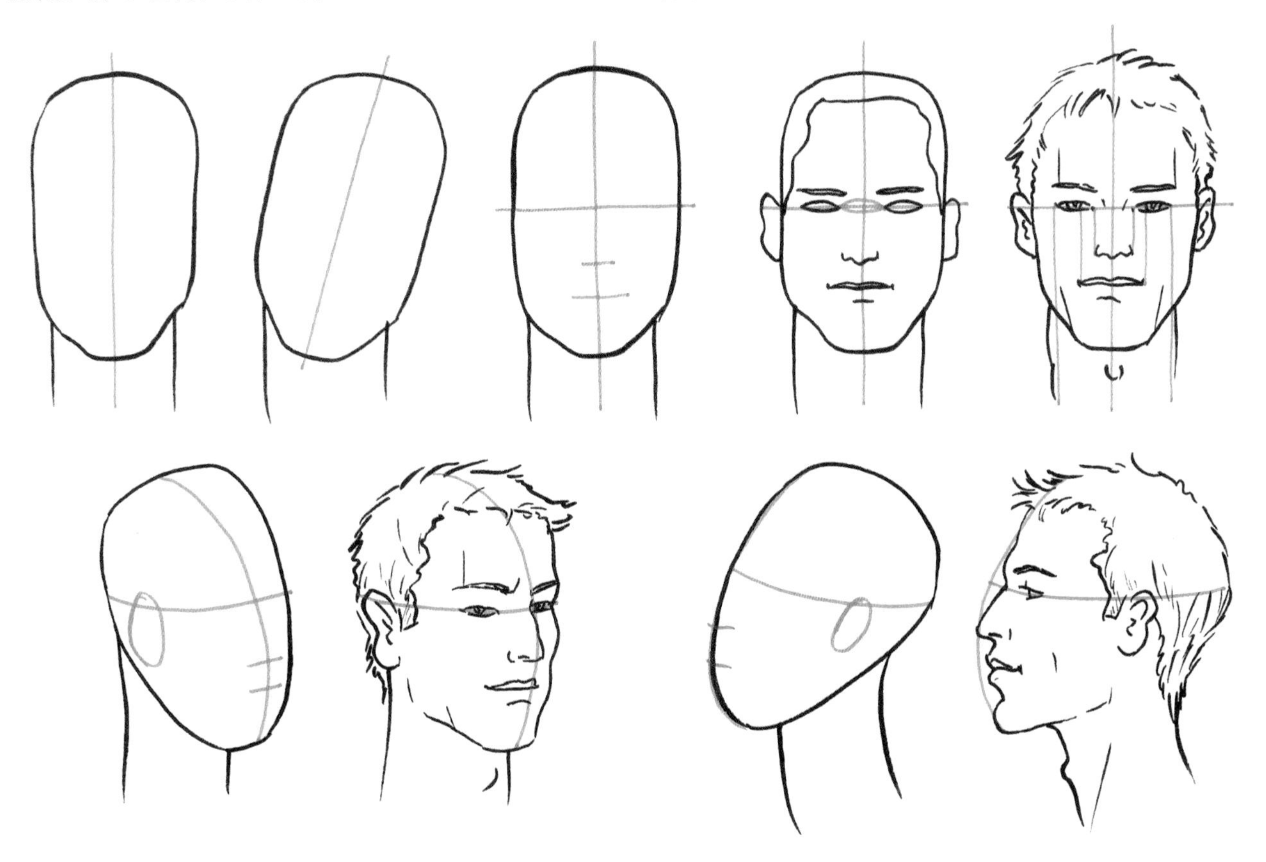

绘制手和脚

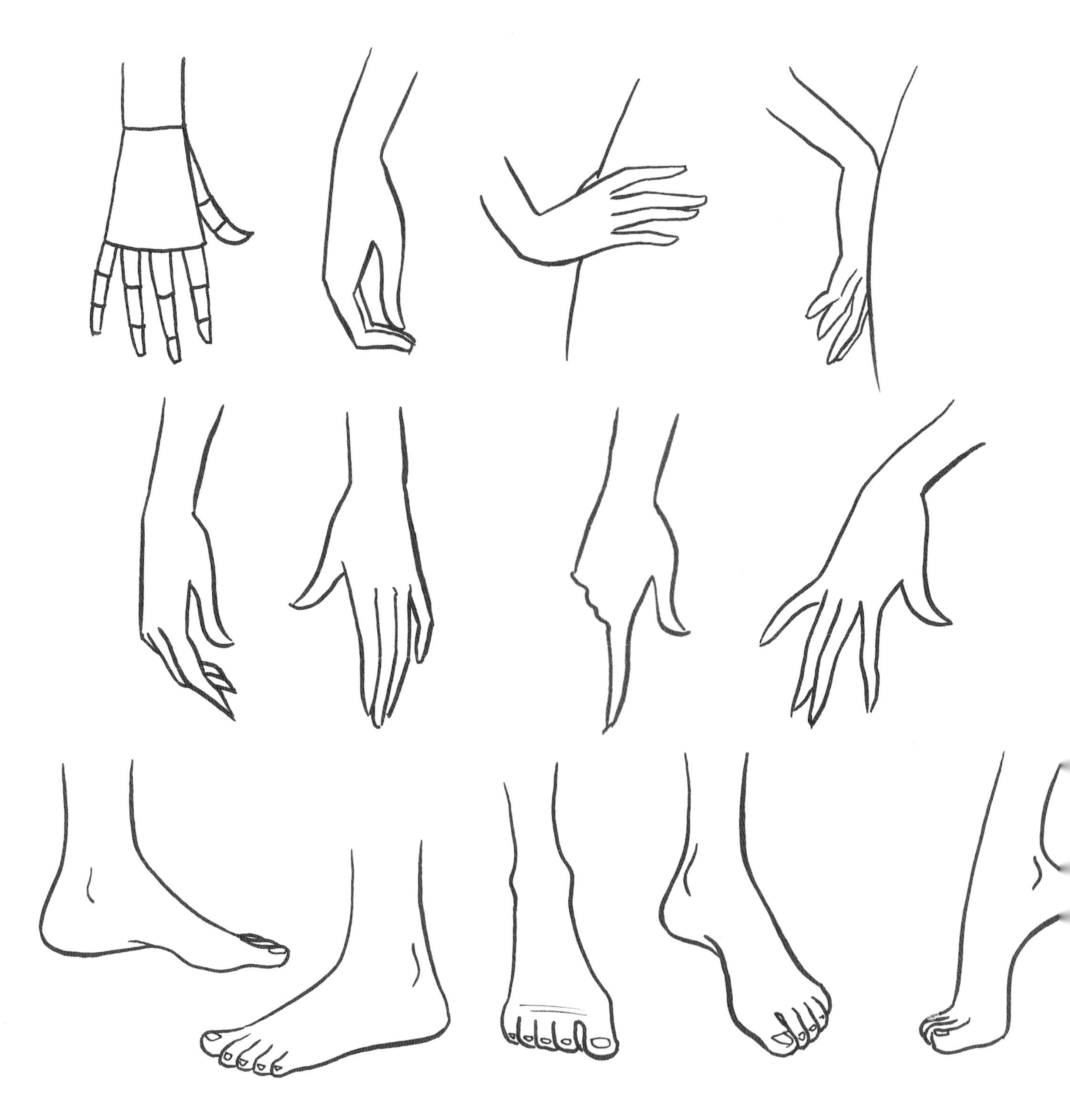

手和脚往往成为绘画时令许多人头疼的部位，无数优秀的半成品插图都是毁在了把手画成了爪子或者像戴着手套；把脚画成了一团、锥型腿或者索性就没有画脚。记住，手的长度应与脸的长度相匹配，这有助于你得到正确的比例。另一有用的规则是，从手腕到手指的距离大致是自己手指的长度。诀窍是越简单越好、细节越少越好，把大的结构拆解为基本形状。

上面的插图展现出女性不同姿态下的手和脚。复制描绘一遍，然后试着画一画自己的手和脚。

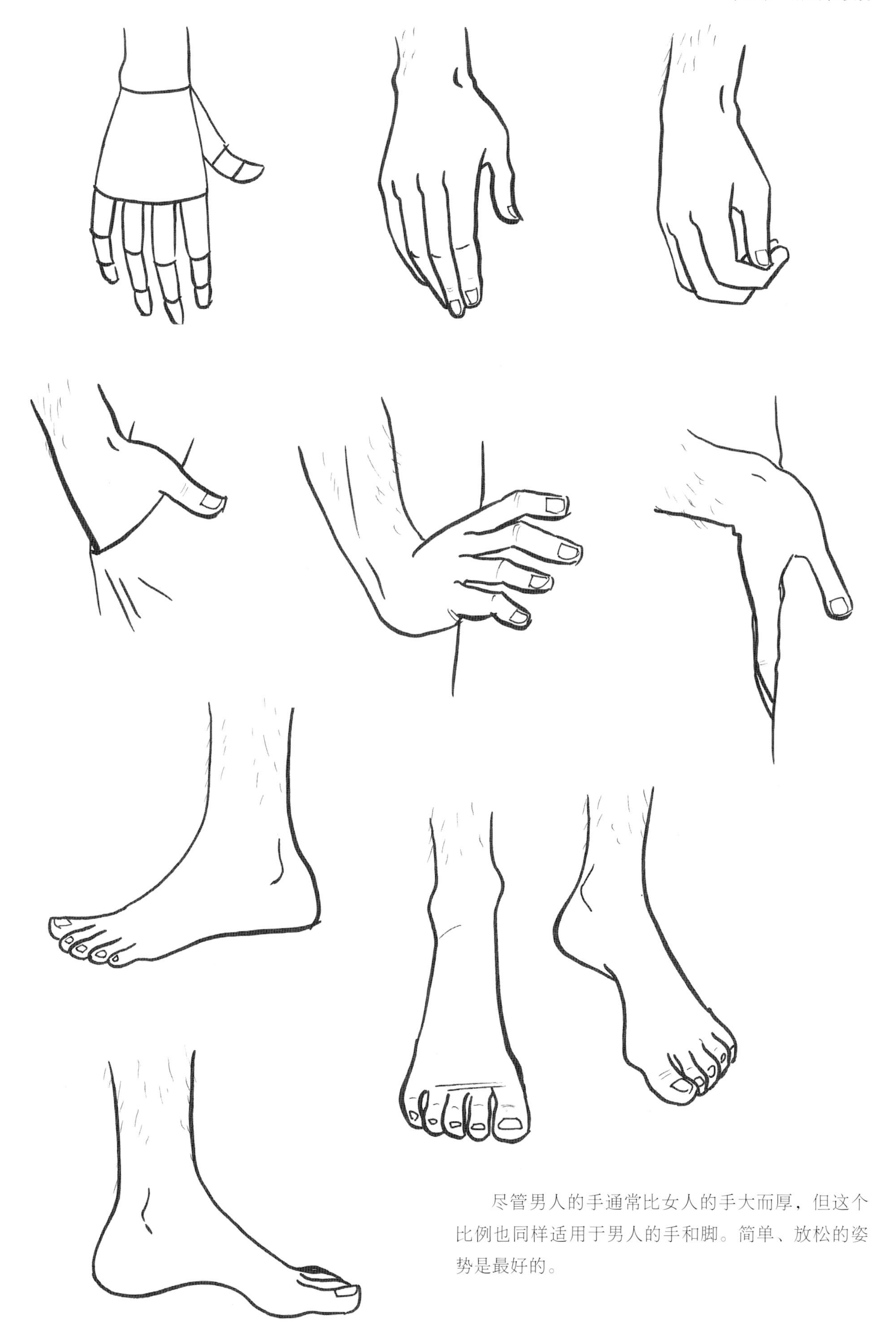

尽管男人的手通常比女人的手大而厚，但这个比例也同样适用于男人的手和脚。简单、放松的姿势是最好的。

附加的姿势和动态：女性

四分之三角度和侧视图

当选择一个姿势来最大程度地展示你的设计的时候，用四分之三角度和侧面视角展现一定的设计特性常常十分奏效。这种基本的方式同样适用于正面或背面，但从四分之三角度或侧面画一个人有点麻烦，因为你需要考虑更多的相关因素。

无论你绘制任何姿势，自己摆出来并对照镜子看是很有用的。请注意你的身体是否扭曲，肩膀的位置和臀部之间的关系，以及脚的位置和身体重量的分布问题。问你自己一些问题，你是如何实现平衡的？一条腿比另一条腿承受的重量更多吗？身体哪个部位最近或者最远？绘制时在你头脑里思考这些要点——你会惊讶地发现它竟能提醒并提升你的创作。

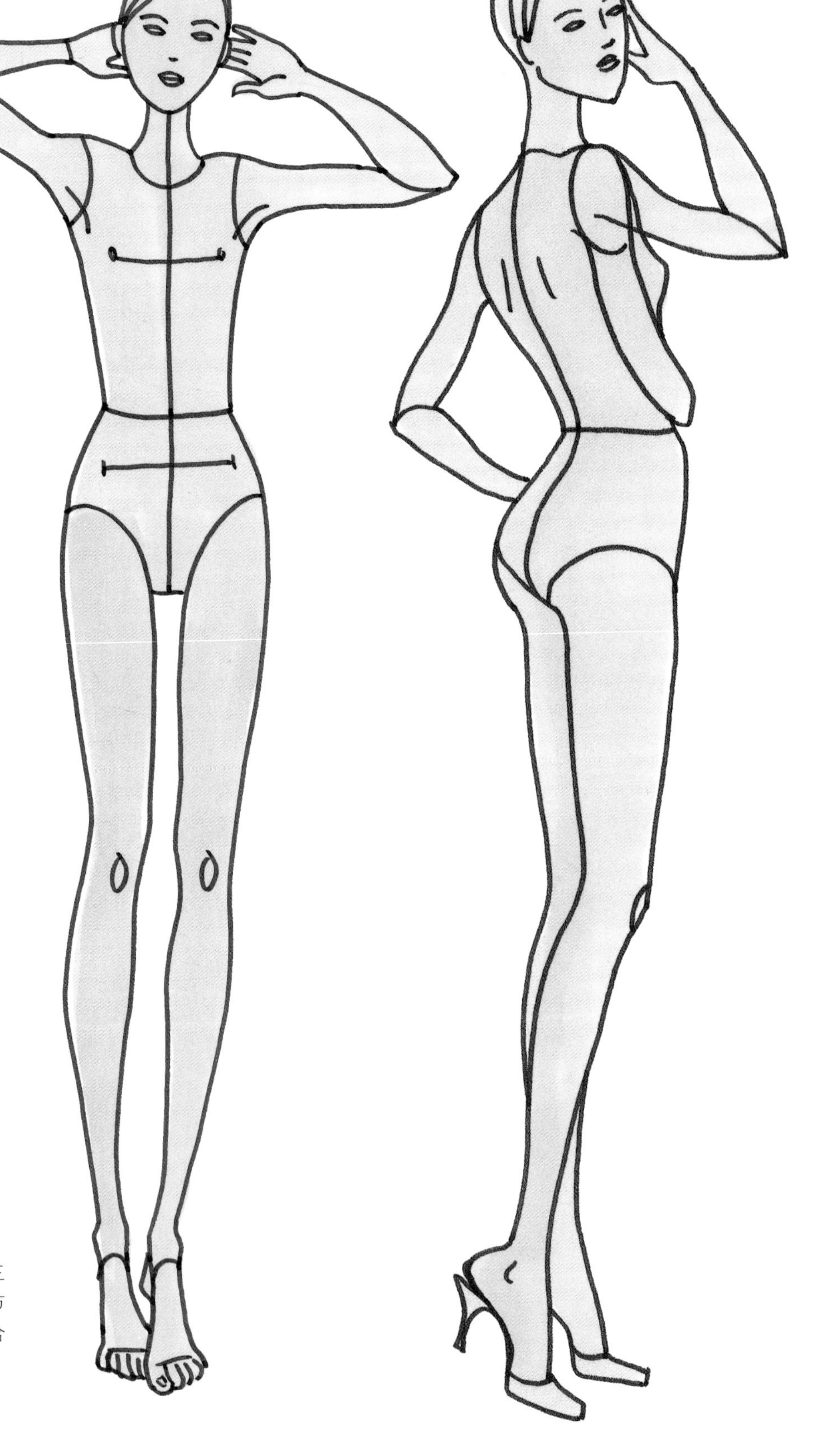

A 正面姿势展示了抬起的手臂
B 看上去很轻松、自然的四分之三角度和侧面能够更完美地展示细节部分，如牛仔裤和长裤口袋的缝合特点。

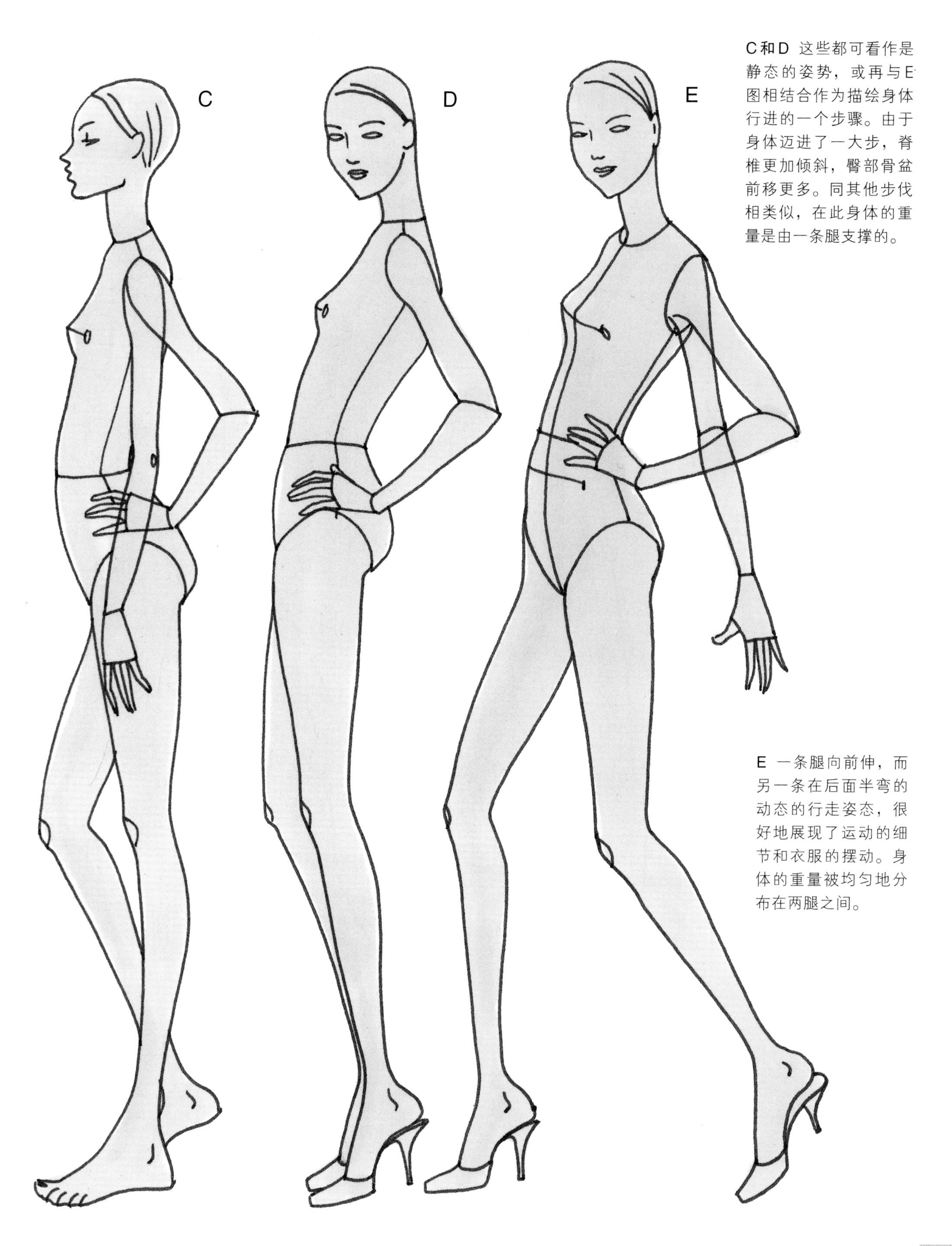

C和D 这些都可看作是静态的姿势，或再与E图相结合作为描绘身体行进的一个步骤。由于身体迈进了一大步，脊椎更加倾斜，臀部骨盆前移更多。同其他步伐相类似，在此身体的重量是由一条腿支撑的。

E 一条腿向前伸，而另一条在后面半弯的动态的行走姿态，很好地展现了运动的细节和衣服的摆动。身体的重量被均匀地分布在两腿之间。

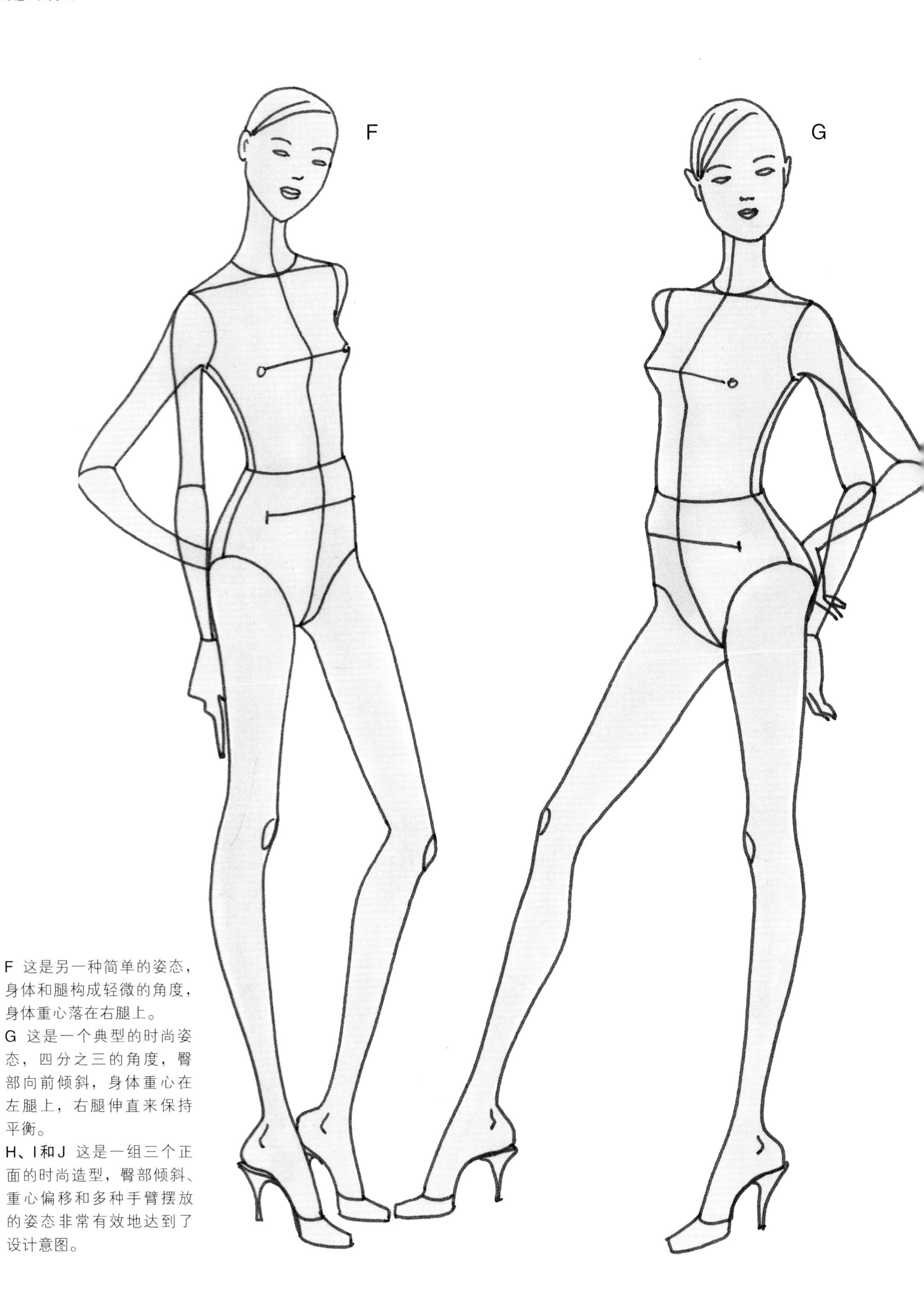

F 这是另一种简单的姿态，身体和腿构成轻微的角度，身体重心落在右腿上。

G 这是一个典型的时尚姿态，四分之三的角度，臀部向前倾斜，身体重心在左腿上，右腿伸直来保持平衡。

H、I和J 这是一组三个正面的时尚造型，臀部倾斜、重心偏移和多种手臂摆放的姿态非常有效地达到了设计意图。

H
I
J

附加的姿势和动态：男性

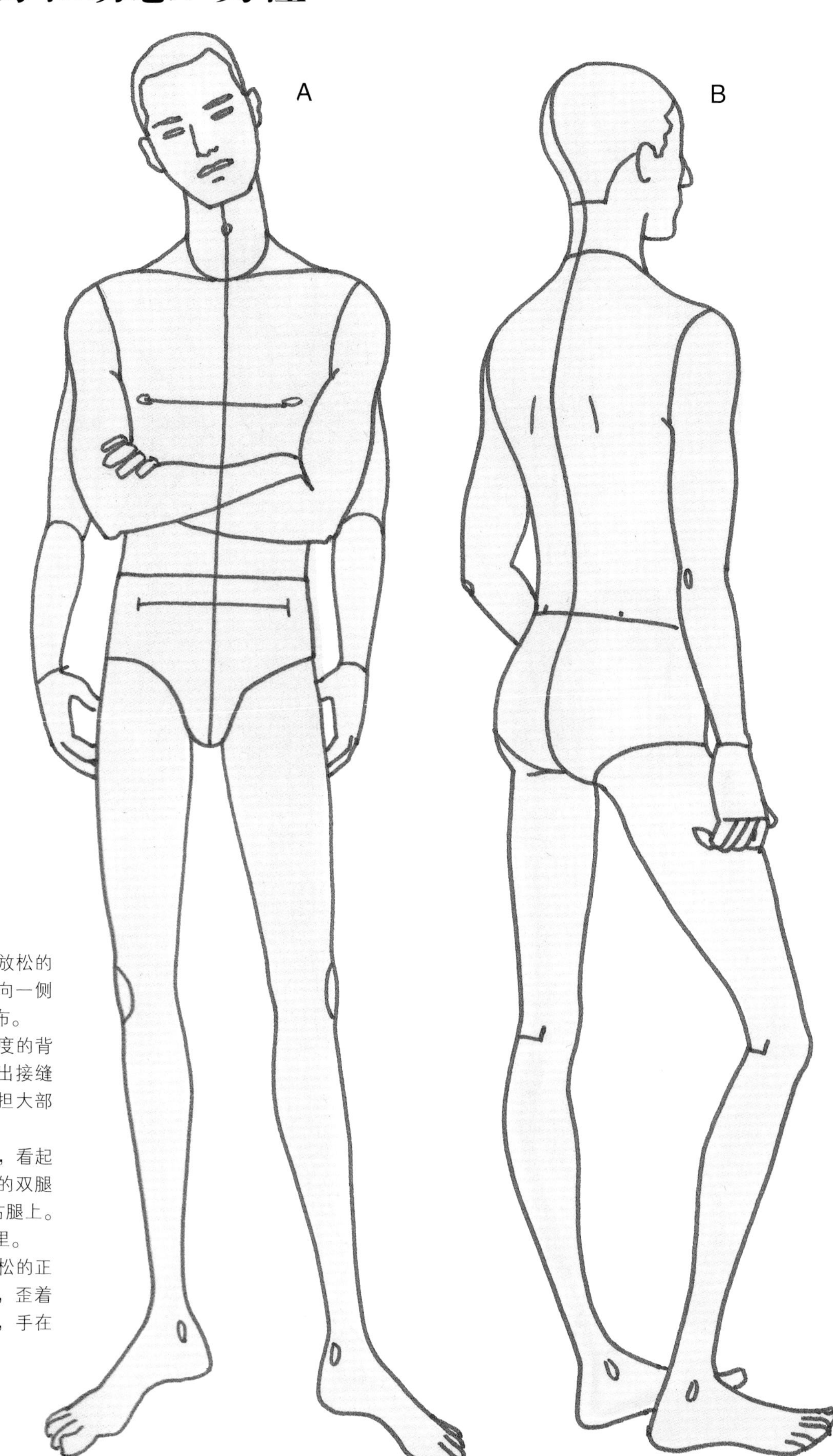

A 这是一个简单的略显放松的正面姿态，强调由头部向一侧倾斜。身体重量均匀分布。
B 这是一幅四分之三角度的背面图，能够很好地展示出接缝和裤子的口袋。左腿承担大部分的体重。
C 这是一个正面的姿势，看起来既休闲又放松，交叉的双腿保持着平衡，重心落在右腿上。手可以放在背后或裤兜里。
D 这是一幅看起来很轻松的正面姿势，肩膀稍微倾斜，歪着的头部。重心落在右腿，手在扣夹克或拉紧拉链。

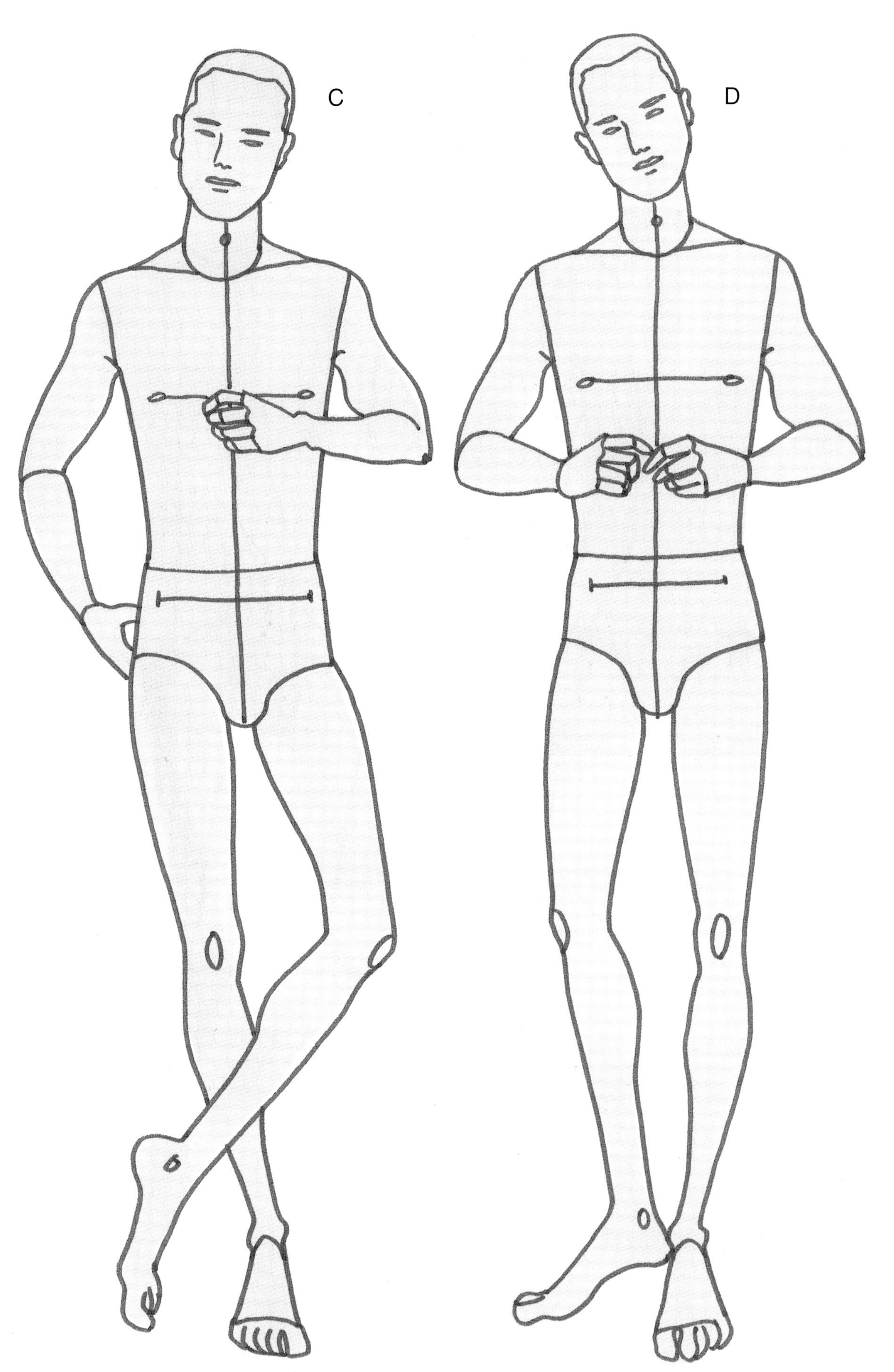
C
D

E 这是四分之三视角的正面图，头面向前方。交叉的腿休闲而不做作。重心落在伸直的右腿，点地的脚尖保持平衡。

F 这幅四分之三角度的正面姿势显示模特正处于运动中，右腿承受大部分体重，左腿略微抬起。肩向后拉，肩和头也是四分之三角度。

G 这是一幅简单的运动中的侧视图，左腿承重。侧面头部。配合H和I一起看，这个姿势可以视为步行或跑步中的一环。

H 这个步行中四分之三角度的姿态展示了四分之三角度的脸，身体重心落在左脚上，右肩前摆，右腿迈进。肩膀放松使手放到臀部。

I 这个姿势是插图H的延续动态，右脚落地，虽然身体重心均匀分布，但左腿承载更多的重量。肩膀稍微后移，胸部抬起。

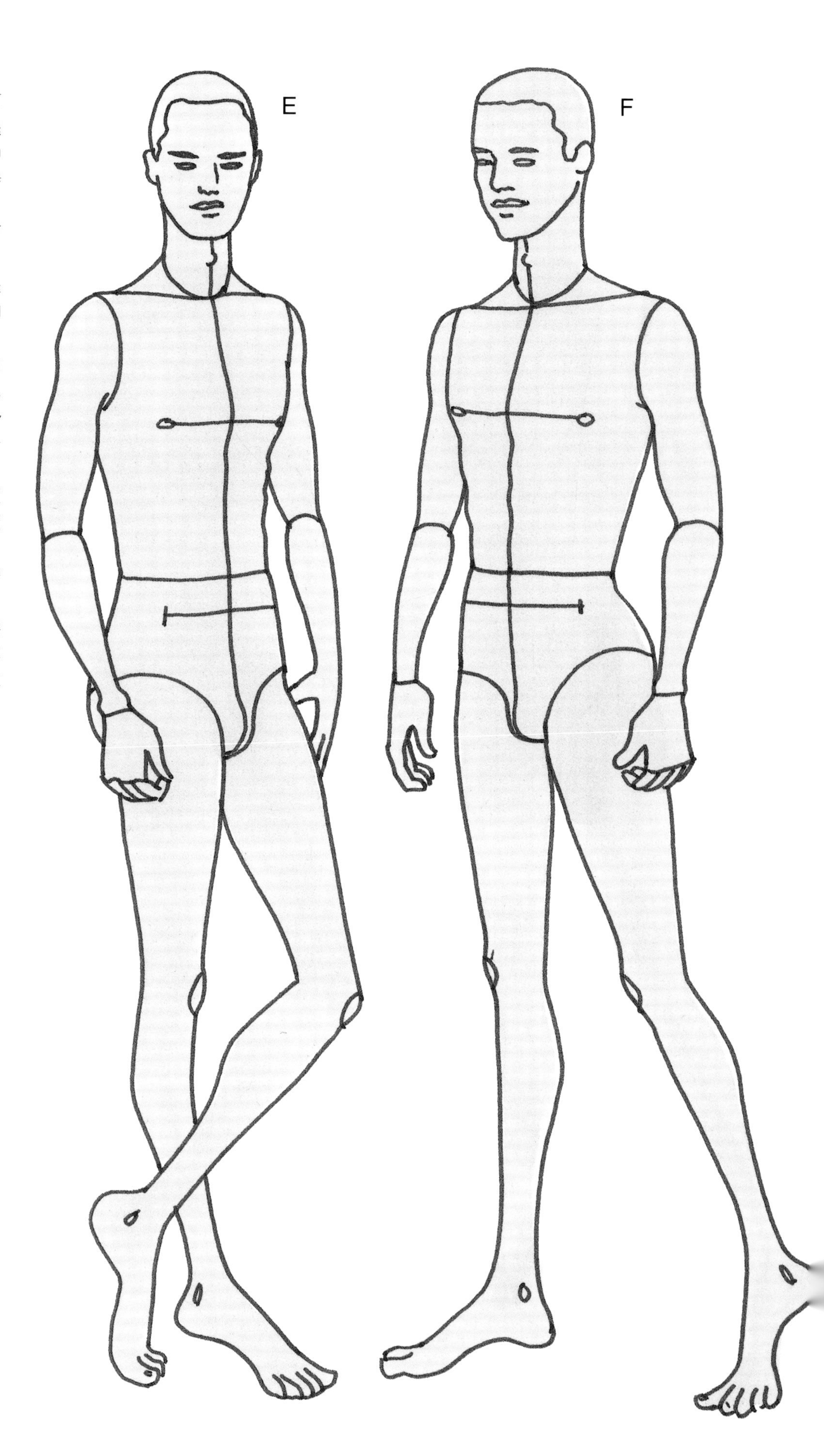

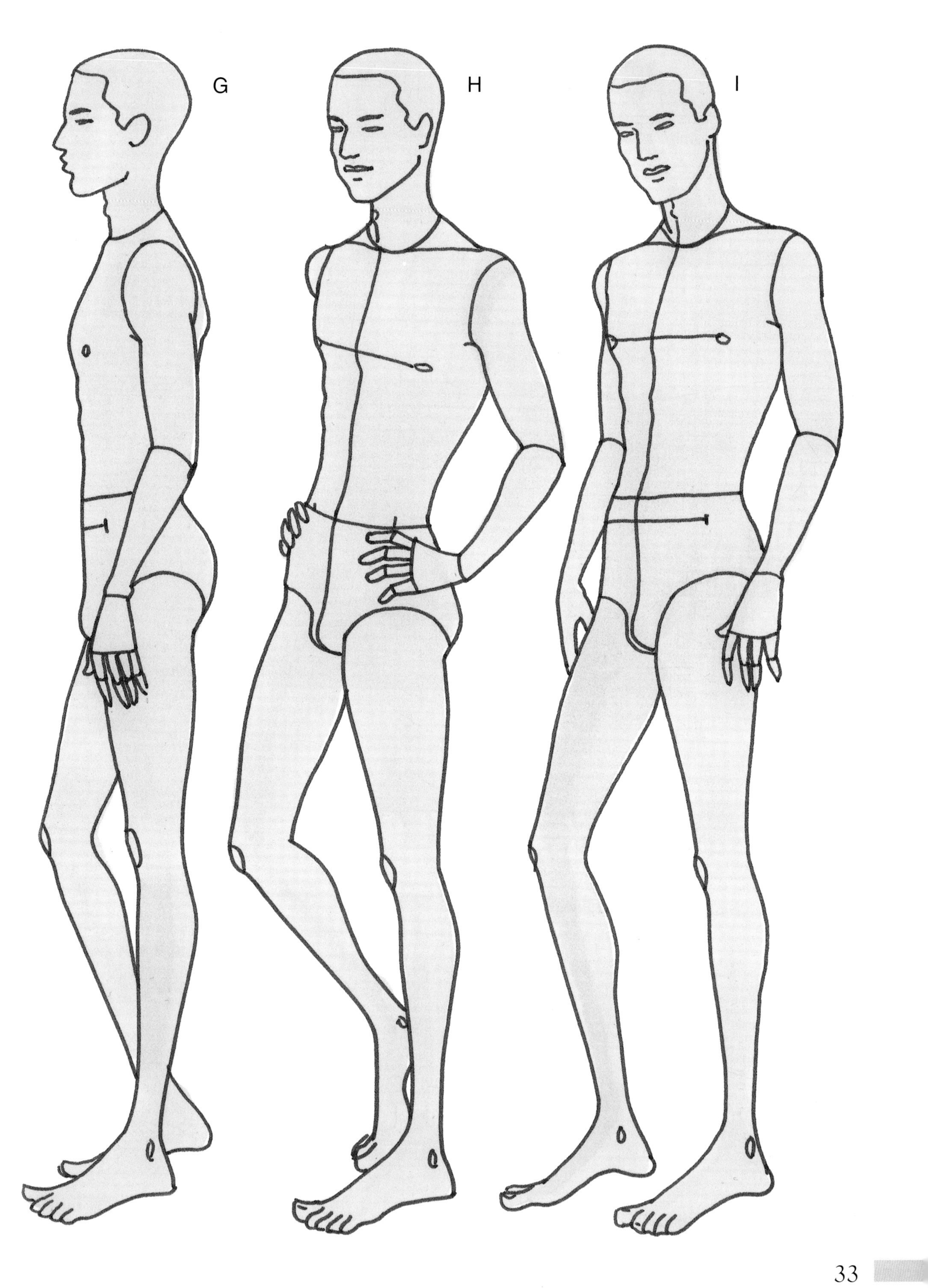
G
H
I

第3章

坚持使用速写本

在第1章对绘画材料的介绍中我们已经涵盖了商店里不同类型的速写本，但没什么能阻止你在纸张趣味收藏的基础上去制作一个速写本，或者实实在在地找到一本老式的书并以此作为起点。如果这本书中的图像和文本对你的项目多少有点用的话就保留它们，没用的那些你可以用新的纸盖住或用家用乳胶把现有的位置涂白作画。如果你选择购买新的速写本，那么你应该让它变成你独有的，特别是封面上有商标的时候。你可以用有趣的纸去覆盖，比如使用你自己的设计或复印自己的画中的一张，并且把它粘在书籍的护封上。

对于特定的设计或工作来说，准备一本单独的速写本是很有必要的，这将给予你一个发展你的设计的集中空间。同时它还是一个好想法，我们可以称之为“综合写生簿”或“想法书”，你可以定期用它记录笔记并用速写的形式记录想法、观念或观察心得。做一个收藏家——收集各种各样的样本信息，包括颜色、明信片、图片、包装、画笔污迹、油漆、剪刀、布，从杂志剪报收集碎片包括有关展览的地址和信息、时尚博客——任何能提醒、记录并激发你的创造力的东西。任何记在你的速写本上的包含线索的名字你都应该勾画出来！

当你使用速写本时没有必要考虑未来潜在的读者——这应该是你记录、创建、规划和归档发展思路以及解决问题的地方，不是书写就是绘制形式。如果你得知一个导师、老板或客户可能希望看你的速写本，那么请确保本子上的一切都清晰可见。接受观众心中的想法和预期观众的反应和问题也可以帮助你在发展阶段明确想法和巩固概念。

最后一点，真正的速写本不应该在一项任务或设计结束之后就搁置一边，它应该是一个想法的推演过程，并最终导向一个最终的设计和构思，就像是一次创造之旅的备忘录或探索旅程的日志。

速写本的灵感

这里我们可以看到一些例子，在一个设计的早期阶段的短效收藏品和“已有的图像”，如收集在速写本中的明信片上的绘画、杂志的碎片或照片。这些内容常常会启发灵感，并成为一个新想法的开端。这里所示的例子都是来自英国布莱顿大学（University of Brighton）的学生作品。

左图和下图：这件拜尼•库克（Bryony Cooke）的作品，围绕多迪•史密斯（Dodie Smith）的作品《我捕捉到的城堡》中的故事构造了一个富有魅力的主题，并探讨了一种复古的、居家的、类似20世纪50年代风格的外观，搭配色彩清新的、由重复排列的格子构成的棉布面料和一个古怪的小鸟图案。

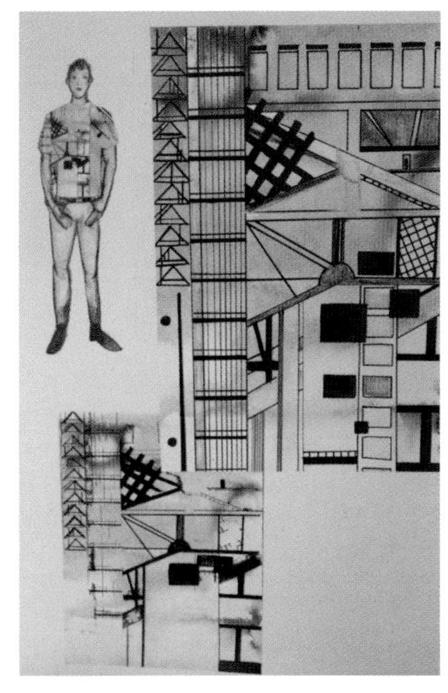

左图：设计师罗伯特·阿特金斯（Robert Atkins）的照片中的建筑结构与建筑细节呈现出一种有趣的样式和网状结构，并在一所大学CAD男装样式项目中引发了一系列的印制设想。

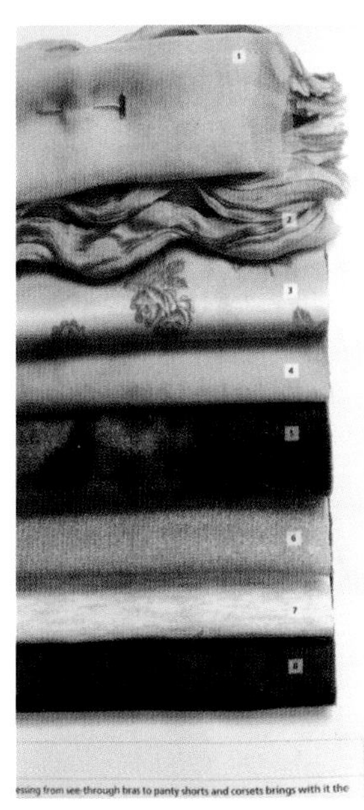

左图：在本速写本中，莎拉·坎宁安（Sarah Cunningham）采用彩色纱和刺绣线来表现盛开的彩色花朵图案。但是用撕开的包装纸表示柔软的花瓣边缘，这是一个很好的以中性颜色为背景的组合。绣花线有一系列现成可用的色调，可以作为准确地描述颜色的介质。

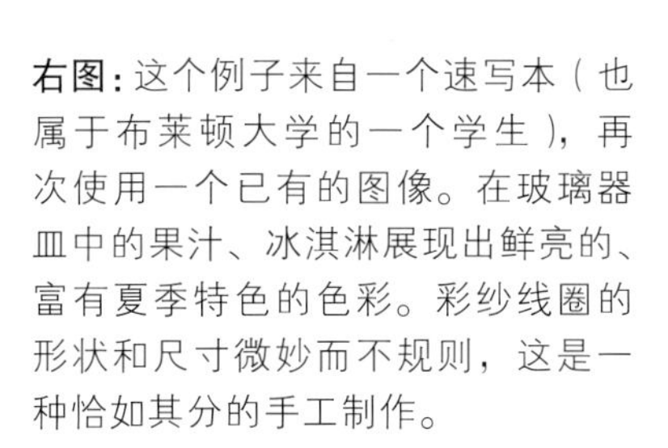

右图：这个例子来自一个速写本（也属于布莱顿大学的一个学生），再次使用一个已有的图像。在玻璃器皿中的果汁、冰淇淋展现出鲜亮的、富有夏季特色的色彩。彩纱线圈的形状和尺寸微妙而不规则，这是一种恰如其分的手工制作。

卡伦·菲尔（Karen Fehr）的珊瑚项目

上图：在这个项目中：卡伦·菲尔（美国洲际大学的学生）选择了珊瑚和海洋为主题，着眼于样式和纹理，并认为这些可以在面料和面料处理技术方面给人以灵感。另外，他发现其他与视觉相关的图像丰富了作品的质感。

下图：将织物印刷和简单印刷技术进行呼应的试验说明了收集到的摄影图像。能够增加纹理和颜色的面料被加入进来。服装设计理念开始涉及探索如何使用这些织物及技术的方面。

上图：未经加工的产自印度的粗糙手工纸创造了丰富的纹理，使人们联想到轮廓和体积。能够显示出织物纹理的图像和使用撕碎的布纱进行编织的织法已被列入其中。通过使用珠子、熟石膏和颜料的方式，创造了一种现代化的、非传统意义的装饰与刺绣的概念。

下图：这些画的灵感来自对珊瑚的研究，并展示了基于人体模型的服装理念和实验设计。

研究与设计

研究和设计都离不开速写本。如果你的速写本是你旅途中的工作日志，那么研究就是在旅途中观察、发现和寻找灵感的过程。而设计就是指如何对众多想法进行过滤、生成和联合，然后生成若干结论，最后得出概念并产生产品。研究对你的想法起到促进作用。也有实用性的研究，这可能会涉及技术调查、工艺、面料和材料，之后使想法得以实现。设计开发本质上是通过美观与实用的循环过程得到一类想法的各种排列组合方式，而这往往会使你产生更多的想法。通过评估、提炼和审慎评估这些主题，最终得到一个最终版的设计。

虽然正如前文讨论过的那样，发掘材料对于启发灵感是非常重要的，但是出现在速写本中的内容通常还是最初级的研究，也就是说这些你画的、研究过的东西是第一手资料：你所拍摄的照片、实验发现的和看到并自己亲身经历的事情。你的研究更多的是你个人的东西，更多来自你所有能成为灵感的东西，进而创作出自己的成果。允许你自己从各类事物上获取灵感，从一个假期或博物馆之旅到更为晦涩深奥的体验，从你燃起第一个灵感的火花开始建立想法，发展脉络，从最初随意出现在速写本上的天马行空般的想法到最后得出一个明确的结论。如果你的出发点是在古埃及，那么你应该避开明显主流的信息来源，如有关这个主题的数不清的书籍，取而代之是收集展示在博物馆或乡间别墅中的东西，如果长此以往你可能会得到能启发你的画、照片和文物。有时间看一些老电影，了解多年来在相同主题影响下产生的其他流行趋势，如18世纪伴随着拿破仑征战埃及和叙利亚而在法国和英国摄政时期产生的对埃及风格的酷爱。于是可以很容易看到如何建立新连接并促成想象力的飞跃，同时分析影响可以帮助你开发你的思路并提供一个个人的思考角度，这有点像在基本配方中加入可替代材料从而使之发生转变。研究是令人振奋的：期待各种出乎意料的事情。

在对你的速写本进行研究时，可能涉及绘图、图像或文字记录，或其他与信息相关的颜色、轮廓、图案、形状、质地、面料、材料、结构、气氛、细节、历史或背景。你可以交叉或并列的引用图像或图像细节。一个图像或理念之间的连接与另一个成为图像的信息具有明显的相关性；至少你要在发展创造性思维的过程中有明确的目的性。

伊冯娜·迪肯（Yvonne Deacon）的防尘外套项目

1. 这个项目的灵感来自设计师最喜欢的复古发现，即亚麻布从20世纪30年代起作为除尘器的外罩或仓库保管员的外套。让人愉快的是发现的其他图像，包括一张旧杂货商账单和一张食品杂货店在20世纪早期的黑白照片，店主骄傲地站在他的作品面前，另一幅塞尚画中打扑克的人也穿着同样的外套，连同一个穿着有趣衣服的小男孩和一个穿印花裙的女孩在自行车上的怀旧老照片。几片粗麻布的样本和一个绕红色线的线圈在后来出现的最终设计里被转变为红色的拼接。
2. 一张平面款式图或半成品的外衣草图，露出可爱的细节和适当的比例。实用性方面被视为重点，增强废料的粗糙感以及通过多次洗涤使亚麻布变得更耐穿。一幅迷人的用铅笔和蜡笔画的画眉鸟的素描画，画眉鸟的胸部膨起，翅膀展开，引发关于空气和体积的想法。羽毛的微妙变化，与从骑自行车的女孩身上穿着的复古花卉面料上所得的灵感一同使色彩得到了发展。随意的草图记录和初步发展的设想结合剪影结构营造出气氛。

DREWS STORES (Grocers) LTD.
Grocers and Provision Merchants
WESTBURY-ON-TRYM

100 % linen
Workwear linen.

3

4

3. 主题和气氛在“情绪板”上清楚地表现出其他研究发现和图像。这些外套照片显示出绘画和拼贴的色彩模式对思想发展的帮助。
4. “设计进度表”展示了设计想法的发展。轮廓被反复绘制，比例和细节被夸大并被反复研究。
5. 这件大衣的一系列设计进展完善了各种可能性，这是此胶囊系列的关键。通过大胆拼接它的口袋功能被强化了。
6. 分层的概念——对这一系列发展的探讨可以追溯到工作服、围裙，防护和体积的理念。

5

6

7

8a

7. 这些想法进一步发展，包括关于画眉鸟的直接的解释、绣的翅膀和有斑点的面料。
8. 该项目用精细化的思路和细节完成了一系列更精确的设计图纸，而这些都足以被用于弥补设计的不足。最后一张图解（图8c）包括绘制在标准描图纸上的图案，织物的色彩以一个松散的渲染方式呈现。这种技术补足了服装设计分层方面的效果。

伊冯娜·迪肯的汉普斯特德披头族服装项目

1

2

1. 这个项目是基于设计师最喜爱时期的电影和波希米亚艺术家的家庭的回忆——20世纪50年代晚期的英国伦敦北部的汉普斯特德（Hampstead）。作为对同时期的巴黎左岸的回应，英国的汉普斯特德区受到了很多来自法国影星和芭蕾舞演员照片的影响。图片、草图、外观、款式和面料的记录说明了最初的头脑风暴。
2. 和平游行主题的老照片和老式广告中首选的是能够发展和扩大主题的实用服装和粗呢外套。
3. 艺术家的抽象艺术、河边小摊上卖的绘画作品和波西米亚风格的追随者等内容激发出了更多的想法和设计。
4. 艺术家的工装和本时代“男朋友风格”的装束开始融合成为一种潮流。以一个相当狂野且时尚的年轻女子的形象出现，被选为设计的灵感或模型草图。一幅小水彩颜料盒的速写营造了一种颜色氛围。

3

4

5

5. “男朋友风格”的衬衫和“咖啡吧”风格的复古印花面料增强了画面的图像效果。艺术家工装的设计想法得到了发展和完善。

6. 另一种波西米亚风格的附加装饰包括老式的花边、围裙和夸大比例的抽象版画。这些内容拼贴在一起，创造了一批新的设计思路。

7. 20世纪50年代的伦敦和巴黎的咖啡馆文化与时尚美艳的巴黎复古概念相结合，想法的升级越来越偏向T台时装展示的样子。

8. 最后，一个更复杂的、包含所有出现过的想法、融合所有元素（如爵士乐的声音和时代的意象）的理念被提出了。

6

SANDWICH
BOUDIN
JAMBON
SAUCISSON SEC
PATÉ
ANDOUILLETTE
SAUCISSE
FRITES

8

Jazz Ballet
BEAT
BEAT
BEAT
A HIP COLLEC
OF COOL CARTO
ABOUT LIFE AND
AMONG THE BEAT
.WILLIAM F. BROW
A SIGNET BO

第4章

织物绘制

一旦你已经掌握了绘画的基本方法和有效的人物姿态，下一阶段就是学习如何绘制衣服。这像是学习如何制作衣服，所以本节展示如何绘制织物，作为制衣的一个过程。了解可用的织物范围是一个不错的主意，这让你认识布的整体性质和每一种不同织物的差别。这些知识如何影响你的设计是下一步要讨论的；它不仅是把一个织物复制到纸上（尽管这是个好习惯），重要的是发展自己有关视觉的速记。

尽量多的收集织物的样品，或至少是一些展示相似面料的杂志碎片，这会让你知道你试图在表现什么。然后尝试各种不同的材质，直到让你自己满意为止。尽量让自己的时间合理分配给试验和绘制实际的图稿，同时要考虑到颜料和胶水的干燥时间。创造性的工作提前一点进行规划能帮你达到最佳的效果。

渲染织物的基本技巧

第一阶段是选择类型合适的纸。光滑的纸张适用于完美的描绘绸缎或有光泽的面料，同时水彩纸更适用于表现乡村斜纹软呢或柔软混杂的针织布料。你的图纸可以被拼贴到这些画稿里，同样你可以扫描或影印实际的面料，按照要求以提高资源利用。

画一个设计的轮廓，你可以使用马克笔、颜料或油画棒奠定基础色，然后用蜡笔、细纤维笔、墨水、中性笔和油画颜料更详细的上色！你也可以在开始之初在部分需要画细节的地方，使用“防染剂”大略画出一片区域，例如使用蜡笔或覆上蜡烛或者其他专门屏蔽水彩的材料。然后底色应用在顶部，细节处将保持无色。如果你使用的是流体屏蔽，一旦干了就可以去掉。然后你可以添加更多或使用另一种介质描绘细节。这种方法特别适用于锦缎和蕾丝花边型面料，营造阴影或光泽效果，或使用那些有更大正向或反向效果的材料。

白色织物

绘制白色织物可能看起来很简单，但不同的特性带来了各自不同的一系列必须克服的挑战，需要有自己的一套创造性的技巧。在这些例子中，通过大胆的笔触和对敏感材质的选择，表面的光泽和质感被巧妙地表现出来，来反映材料以呈现真实情况下的布料类型。

纱是一种精致、纯粹的面料。传统上来讲，它一直很昂贵，因为技术上它更难制成成品，所以被用来制作特殊场合的服装，如婚纱礼服或精致的衬衫等。其他细薄精致的面料包括雪纺、乔其纱和薄纱。现在由于机械化和人造纤维，这种精细的面料已变得经济实惠，不再有特定的穿着场合的规定。

传统上，卢勒克斯织物和拉梅面料含有金属织成的线，但现代版有合成纤维，这些材料的金属质感是通过贴箔和印刷技术实现的。

在下面的插图中，优质的棕色包装纸被用作绘图纸，（设计师）起草了轮廓并上色。然后用粉笔轻轻地描绘衣服并用马克笔和蜡笔进一步添加阴影。

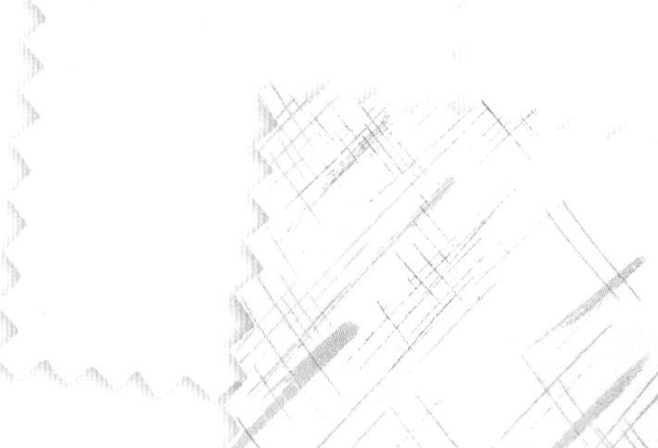

透明织物和薄纱。
a. 用马克笔画出底色。
b. 用细纤维笔画出随机交叉的阴影线。

卢勒克斯织物和拉梅
a. 用马克笔画出底色。
b. 用尖的纤维笔随意添加点、线和闪闪发光的线和星星。

马德拉刺绣，有时被称为“瑞士刺绣”，传统上它是一种有着小孔状手工刺绣图案的细白棉布，通常是白线，欧洲变体经常使用彩色绣花线。现在这种类型的织物有许多的变化，但几乎都是机器制造。

钩针编织品是纯手工制作，机器甚至连进行最简单的针脚和设计都不行。钩针编织品用于设计漂亮的镂空图案，有时能产生浅浮雕和3D效果。

蕾丝，又被称为“蕾丝花边”，覆盖包括网在内的大面积的镂空面料。面料背后往往具有较强的文化根源，特定的地区和国家因为使用不同的技术，以呈现出复杂、精巧的设计而著名。虽然花边在传统上是手工制作，但是在工业革命的高潮期，机器制造的花边就开始出现了，并且这些机械化的花边仍在生产。

网带花边，尽管它的名字叫花边，但是它其实是一种刺绣而不是花边，所以它还有一个更合适的名字，即“网带花边刺绣”。它是在螺纹刺绣底布上施加图案后，然后用化学的或其他方式去除多余的部分，留下镂空的蕾丝。

这个例子是20世纪60年代鸡尾酒风情小礼服，蕾丝花边是用类似邮戳的东西以不规则的压力压上的，用来避免图案扁平化。

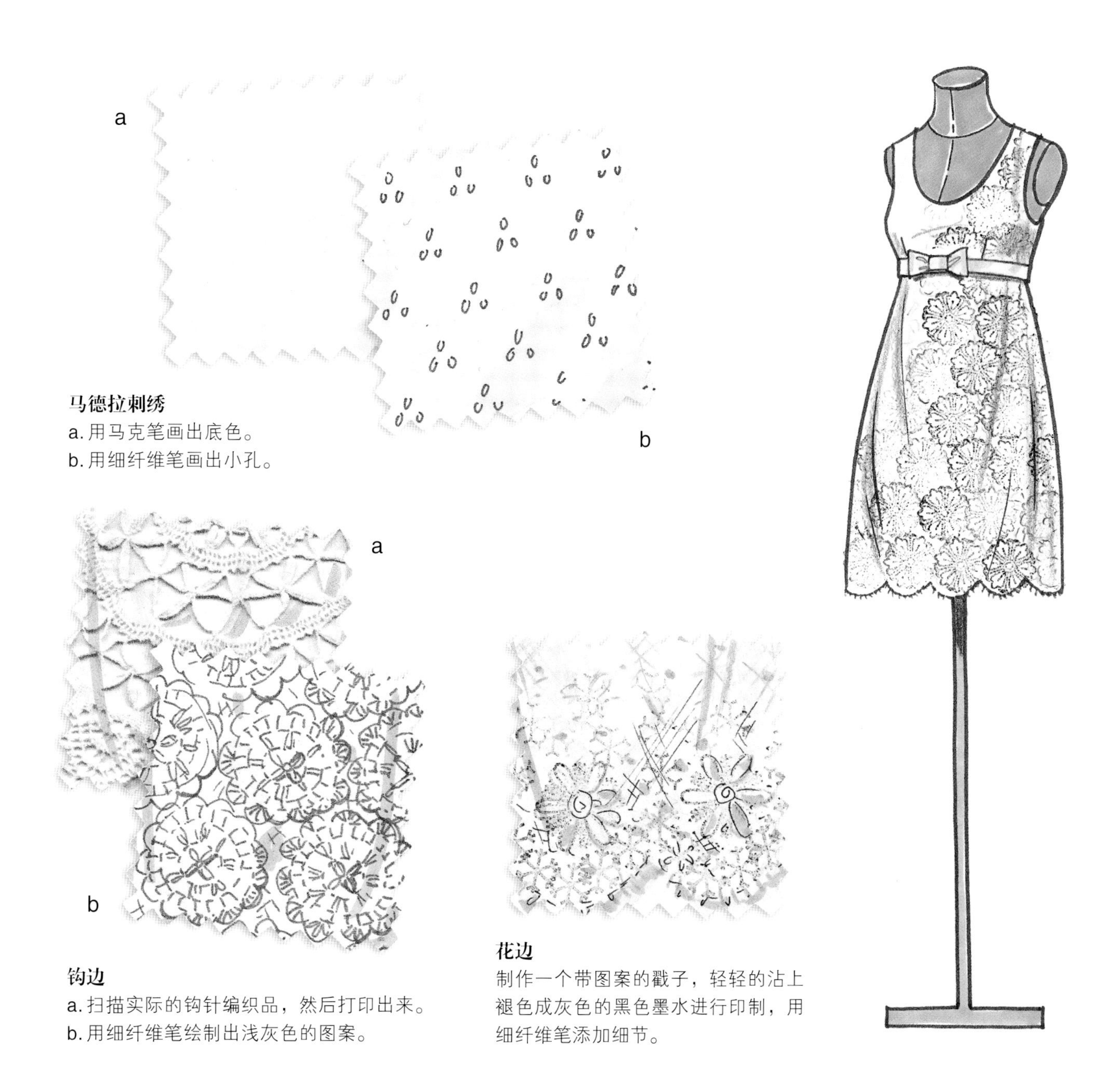

马德拉刺绣

a. 用马克笔画出底色。

b. 用细纤维笔画出小孔。

钩边

a. 扫描实际的钩针编织品，然后打印出来。

b. 用细纤维笔绘制出浅灰色的图案。

花边

制作一个带图案的戳子，轻轻的沾上褪色成灰色的黑色墨水进行印制，用细纤维笔添加细节。

奢华的面料

在水彩画纸上用铅笔绘制锦缎晚礼服的轮廓，然后以大胆的笔触用水彩上色。

锦缎一般是光滑的、有光泽的面料，纱织物表面可以捕捉并反射光线。传统上由丝绸合成，现在许多布料是纤维织物制成的。棉缎类似锦缎，但它是一个纬面织物。

天鹅绒是绒面织物。在制造过程中通过把绒经绕在金属丝上去制造线圈，然后剪掉，就像金属丝被去掉的感觉。毛绒织物和天鹅绒类似。“特里”（Terry），有时也被称为“特里梭织物”，以类似的方式被创造并一直延续存在。大多数针织布料是属于这些起绒织物的类型，它的优点是具有针织面料的弹性。

亮片，有时也用其法语名“paillettes”。传统上他们是缝在织物上的小反光金属片，虽然各种现代版亮片包括亚光、透明、印刷和全息图片，并有很多的尺寸和形状，但它们仍被称为小反光金属片。

缎
a.用马克笔画出底色。
b.使用蜡笔和/或颜料添加闪亮元素。

绒
a.用马克笔画出底色。
b.用粉笔画出柔软的高光“起绒效果”。

亮片
a.用马克笔画出底色。
b.用细纤维笔画亮片，用中性笔画亮点。

动物图案、毛皮和贡缎

宽松类型的“动物花纹样式”涵盖一大类设计的范围，这些灵感源自于真正的动物大衣的标志性纹理。豹皮、猎豹皮和蛇皮的纹路是世界时装界多年的最爱。新的数字印刷技术导致规模化生产，图案和重复的规模也日益增加。这样的动物图案这些年一直在普及，设计师现在正在创造新的幻想化的混合图案，元素包括鸟类的羽毛、飞蛾、蝴蝶的图案和自然世界其他的变种。

已死动物的皮毛通常被用来制作非常温暖的衣服。这些面料具有奢侈品的地位，某些动物的稀有性和魅力值一直在升高，所以现在穿真皮草备受争议，特别是从现代制造业可以复制出令人信服的合成毛皮之后。

贡缎在技术上来讲是一种编织缎面料。这种图案是由于凸起或浮在布基上的线对比形成的。一些变体是以类似的方式，用经线与纬线对比形成的。

这件醒目的大衣是用铅笔在水彩纸上绘制。使用屏蔽液和水彩颜料绘制。

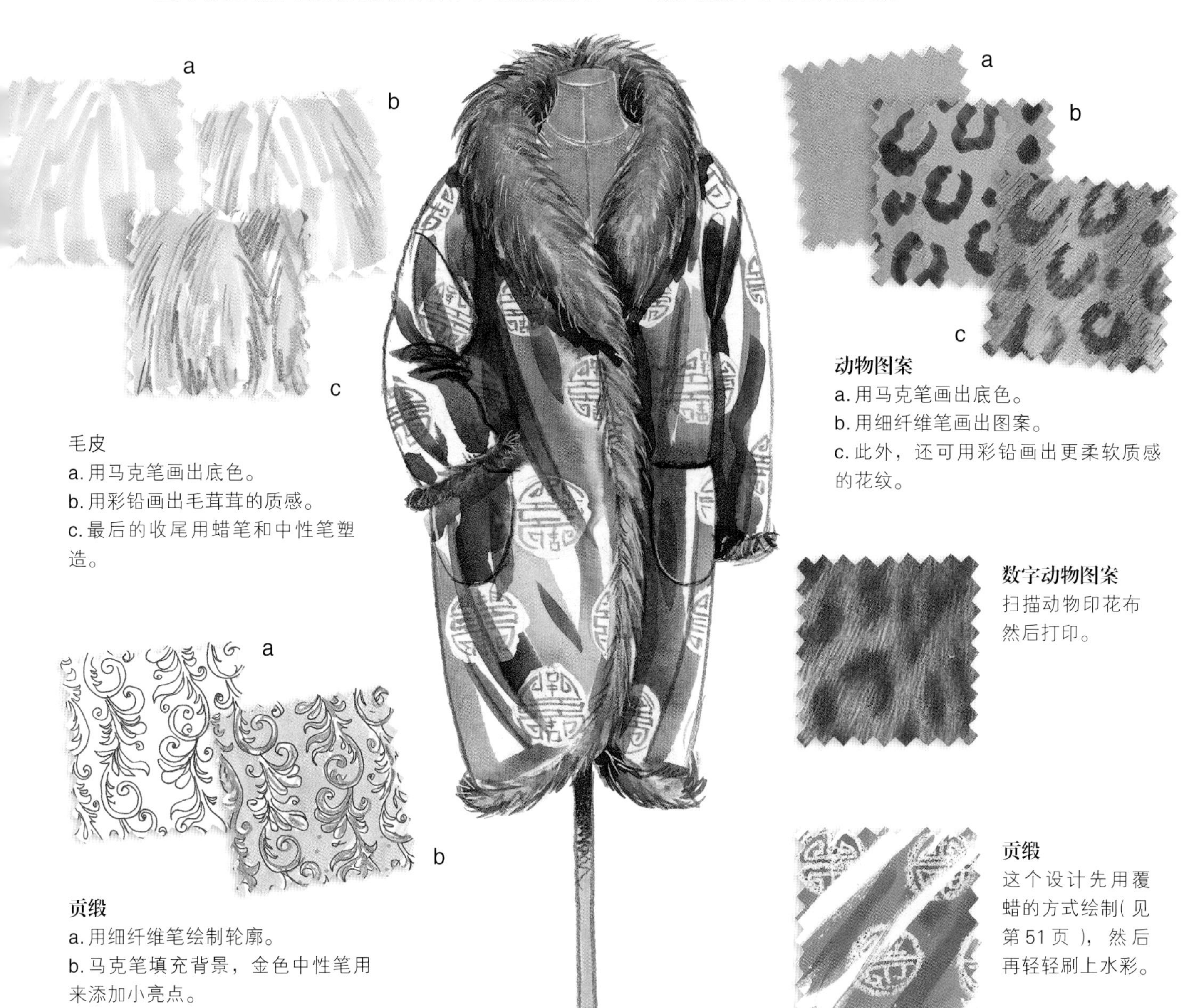

毛皮
a. 用马克笔画出底色。
b. 用彩铅画出毛茸茸的质感。
c. 最后的收尾用蜡笔和中性笔塑造。

贡缎
a. 用细纤维笔绘制轮廓。
b. 马克笔填充背景，金色中性笔用来添加小亮点。

动物图案
a. 用马克笔画出底色。
b. 用细纤维笔画出图案。
c. 此外，还可用彩铅画出更柔软质感的花纹。

数字动物图案
扫描动物印花布然后打印。

贡缎
这个设计先用覆蜡的方式绘制(见第51页)，然后再轻轻刷上水彩。

针　织

针织是一种古老的手工制作布料和服装的方法，在世界各地有许多的文化根源，从苏格兰北部到秘鲁以及其他许多国家。我们熟悉的大多数的针织图案的起源都可以追溯到几个世纪前。如费尔岛、阿兰、麻花。贸易和文化迁移导致许多纹样变得相似，这种相似性使得它们用同一种名称进行分组。比如“北欧”其中包括斯堪的纳维亚半岛、北部欧洲和波罗的海的传统样式。自16世纪后期起，随着针织机被发明，商品贸易不断发展，制造商制作的精细化水平不断提升，一直发展到今天，机器已能够生产非常复杂的针织面料和服装。但令人惊讶的是，许多现代服装仍然是手工编织。

画这件手感柔软的、保暖材质的、北欧风格的男款毛衣，建议使用马克笔绘制，同时用软彩铅画出微妙的阴影和肋骨位置的修身效果。紧身牛仔裤开始时用深蓝色马克笔画出基础底色，然后用较暗和较亮亮的蜡笔添加阴影和高光。建议用彩铅精细的画出斜条纹来表现牛仔布斜纹编织的质感。

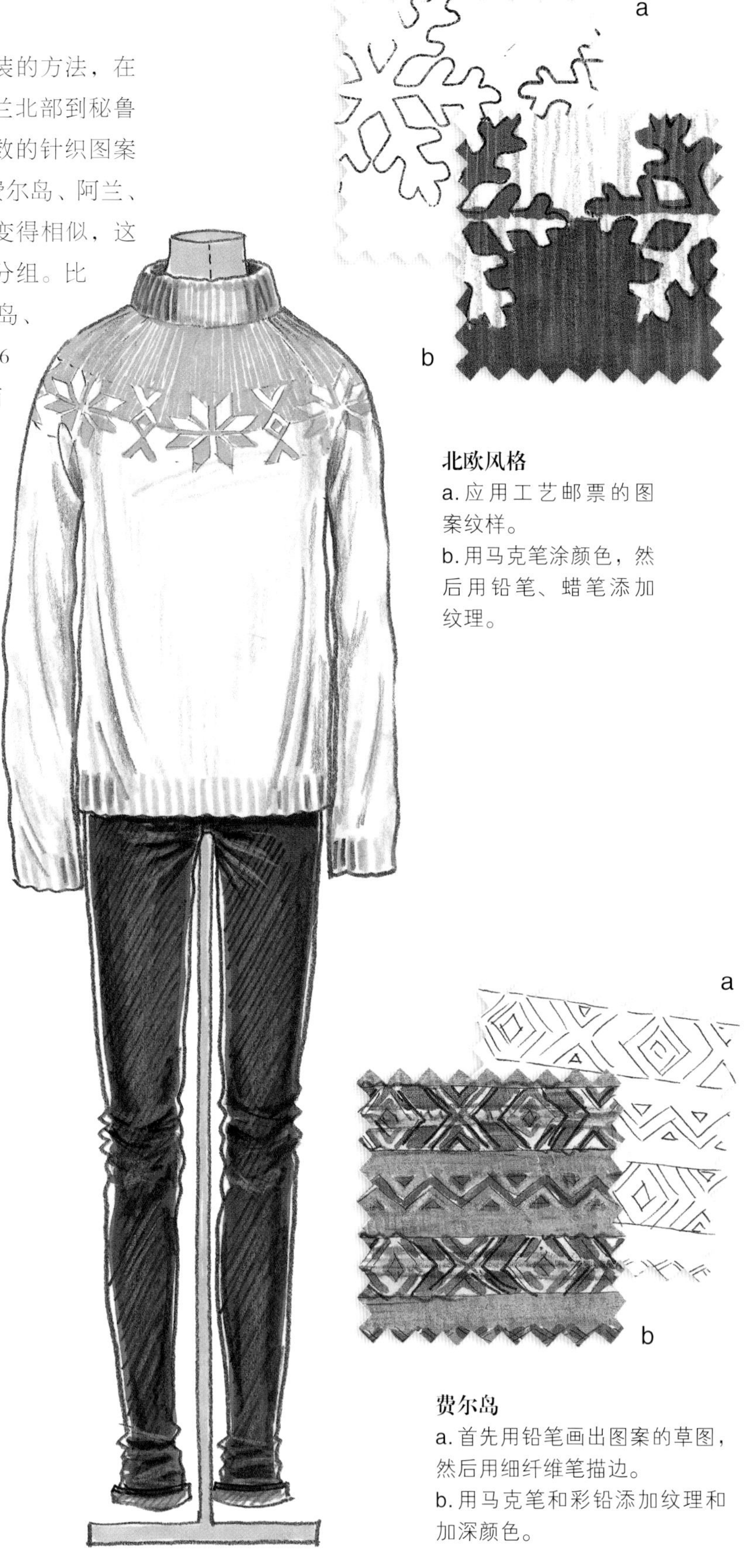

北欧风格

a. 应用工艺邮票的图案纹样。

b. 用马克笔涂颜色，然后用铅笔、蜡笔添加纹理。

费尔岛

a. 首先用铅笔画出图案的草图，然后用细纤维笔描边。

b. 用马克笔和彩铅添加纹理和加深颜色。

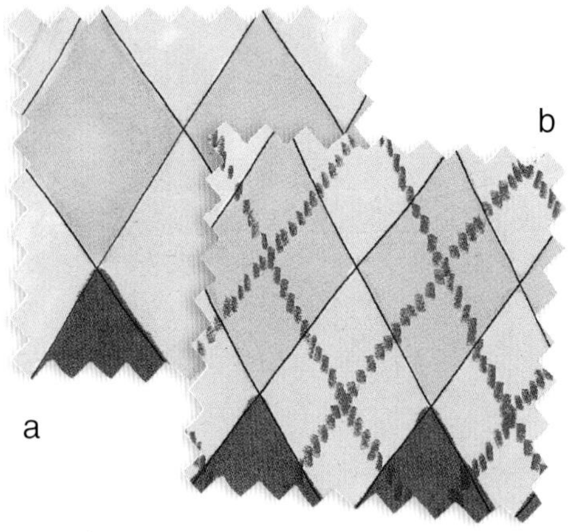

多色菱形花纹

a. 用铅笔起草一个基本的轮廓后，用马克笔给菱形形状上色。

b. 用彩铅画出彩色斜线纹理。

在这套年轻女子的着装中，半透明薄绸裙是用柔和的百丽笔笔触以及浅的色粉画成；麻花图案的毛衣和简单的针织围巾，这两者的效果都是通过对彩铅地准确控制表现的。

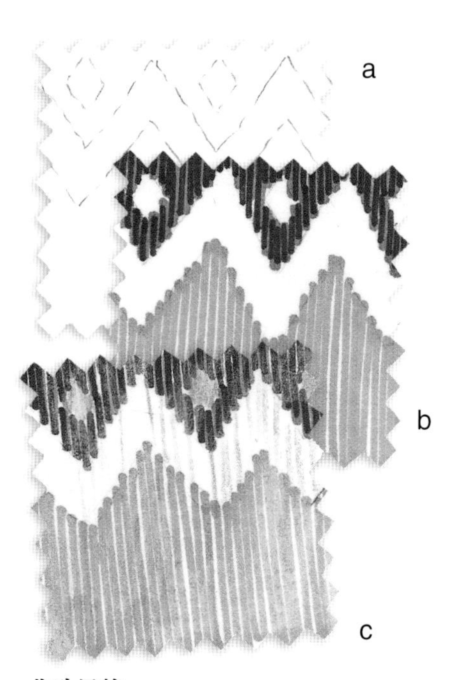

北欧风格

a. 用铅笔起稿。

b. 用马克笔画出素雅的色彩，同时清除铅笔痕迹。

c. 用彩铅画出深浅不一的纹理和颜色。

针织纹

a. 用铅笔描出纹样。如果可能的话，为了准确性和清晰度，可以找一个实际的针脚作为参照。

b. 用马克笔画出这个纹样，清除铅笔的痕迹。用铅笔、蜡笔画出深浅不一的纹理和颜色。

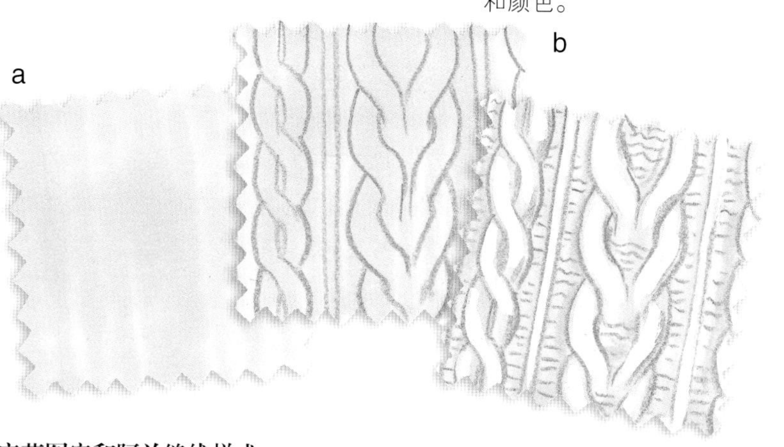

麻花图案和阿兰缝线样式

a. 用马克笔画出底色。

b. 用彩铅仔细地描绘花纹走向。

c. 用彩铅着色并画出细节。

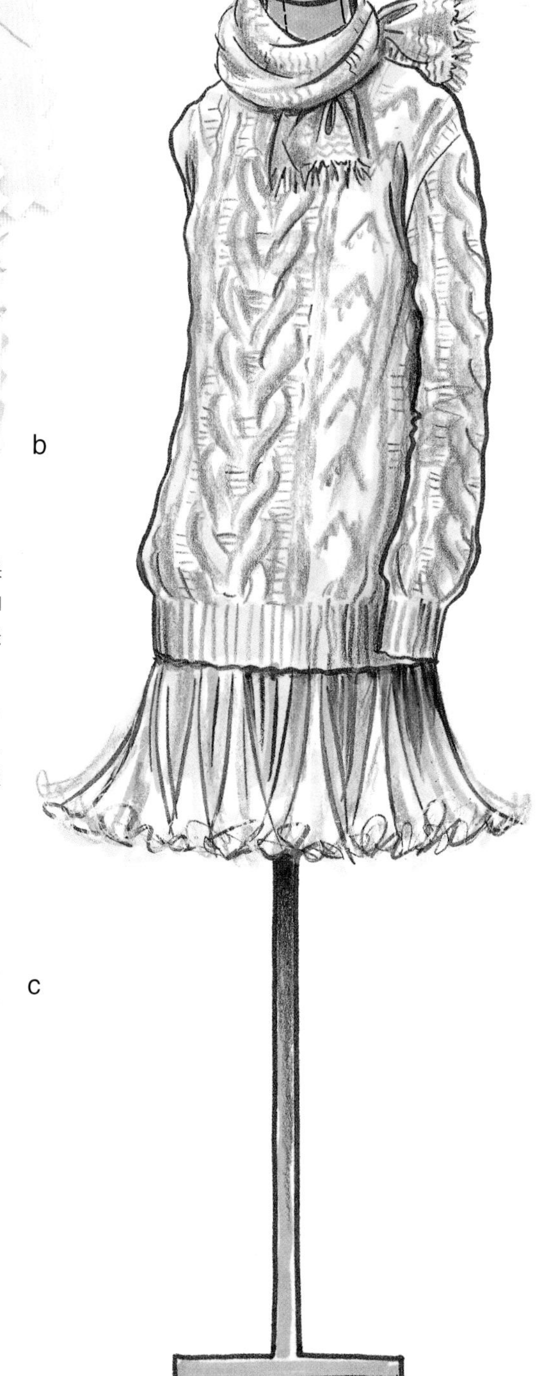

超耐磨面料

皮革
用马克笔画出色调的变化。

仿旧皮革
用油画棒在粗糙的表面上摩擦，产生仿旧效果。

皮革有两个被时尚永远推崇并赞颂的特点：第一是奢华度——颜色的深浅、面料的柔顺手感、工艺的精湛和处理这个材料时相对的困难程度；第二个是（也许是相反的）强硬的反叛形象——它起源于20世纪50、60和70年代的青年运动，皮革磨损和撕裂的痕迹增强了这种形象。

帆布和牛仔布是结实、相对粗糙的面料，它们起源于工装。我们最喜爱牛仔布的特点之一是它褪色和掉色的方式，这种特点带有个性和独特的反叛精神。尽管我们现在买的大多数牛仔都是已经褪完色了的。

斜纹织物是一种将三种或更多种的材质重复编织的纺织品类型，所产生的斜纹效果正是斜纹织物的特性。

在这个很酷的机车女孩造型中，牛仔裤是先用深蓝色马克笔画出底色，再用蜡笔画出阴影和高光的效果。用铅笔、蜡笔画出斜条纹来表示牛仔布上斜纹编织的效果，以及明显的褪色的痕迹和精心绘制的阴影褶皱和破洞。通过对夹克外套的局部上色，表现出富有光泽、质感并看起来轻便的皮革效果。马克笔和少量修正液被用于描绘闪闪发光的衬衣细节。

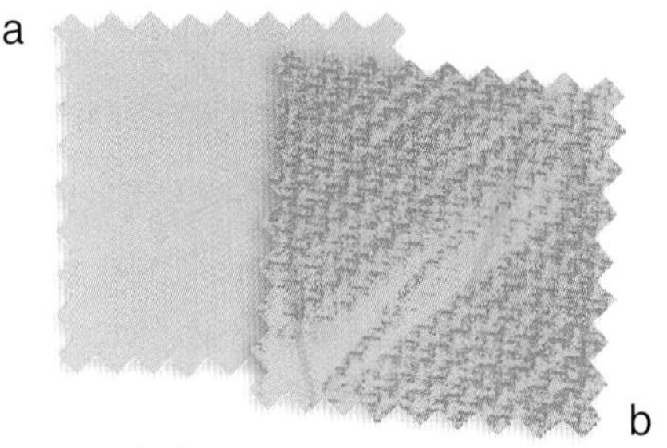

帆布
a. 用马克笔画出底色。
b. 用油画棒蹭出纹理。

斜纹布
a. 用马克笔画出底色。
b. 用马克笔蹭出纹理的细节。

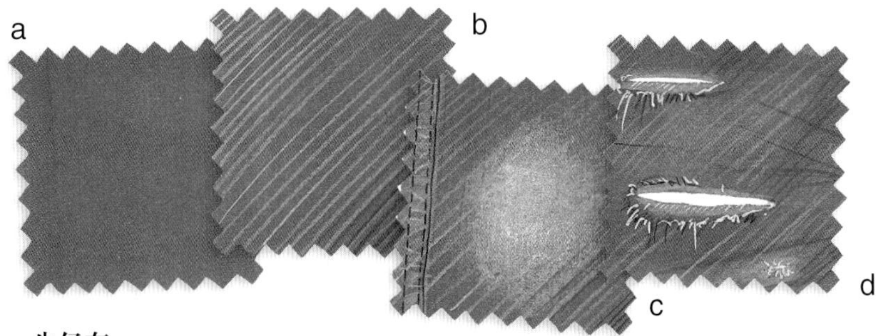

牛仔布
a. 用马克笔画出底色。
b. 用铅笔、蜡笔画出斜条纹。
c. 用黑色的细纤维笔画出缝纫效果，用蜡笔画出穿旧了的感觉。
d. 用蜡笔和白色的中性笔来添加裂口。

关于迷彩的想法是由猎人先提出的，他们所追捕的动物和这些动物的栖息地给了他们灵感。虽然这个概念在18世纪的军事理论中就已经被提出，但是直到第一次和第二次世界大战之后，它才发展成为现今我们认识和熟悉的一种被广泛接受的、专门的图案纹理。

毛毡是一种密实的、有纹理的织物，通过压缩和平整的制造工艺使得它超耐磨。

灯芯绒是一种与天鹅绒的编织结构相似的织物，用切割纬线起绒。垂直的桩线平行于经线，在整个编织结构当中起决定作用，并被称为“纵线”。

图中的黑色双排扣水手上衣（或豌豆大衣）本来平淡无奇，但是通过将底部巧妙的留白，并进一步用白色画笔凸显接缝和结构，使得它更加清晰。脖子上系着的扭曲、松散的条纹围巾，醒目的同时又与整幅图融为了一体。用马克笔画出底色，用瓷器记号笔大胆地绘制出柔软、厚实的灯芯绒裤子的外观。

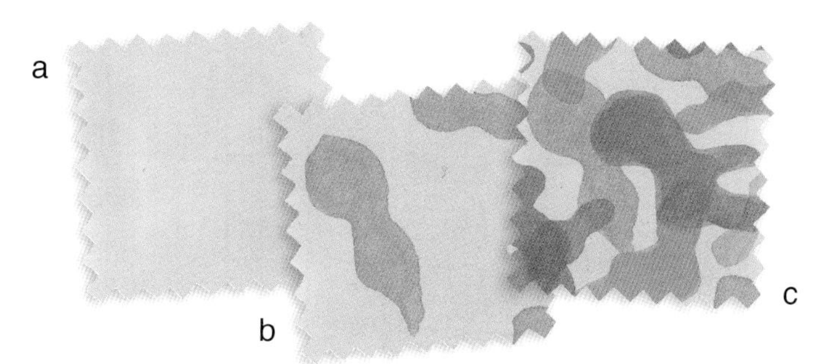

迷彩

a. 用马克笔画出底色。
b. 用马克笔添加类似阴影的图案。
c. 用更多重叠的马克笔痕迹创造所需的效果。

a
b

羊毛毡

a. 用油画棒打底。
b. 用溶剂融化油画棒涂在底上作为第二个色调，然后用油画棒在顶部再加一个粗糙层。

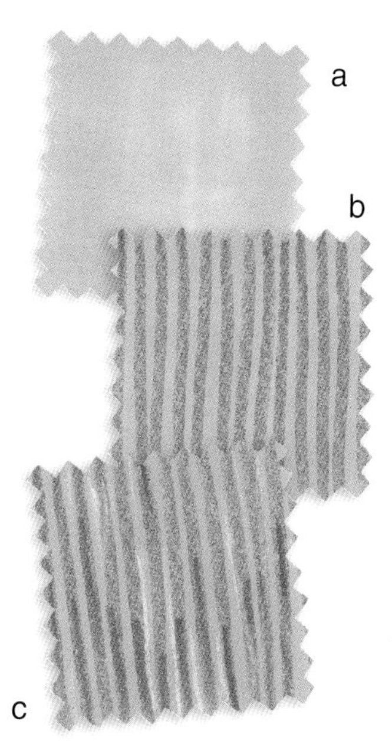

细绒和粗绒

a. 用马克笔画出底色。
b. 用油画棒的垂直线条表示质感。
c. 白色彩铅用于增添高光。

灯芯绒的另一种画法

用马克笔画出底色，然后用油画棒擦出这种在粗糙表面摩擦的质感。

男装面料

花呢，起初用来制作外衣的羊毛布料，它是苏格兰南部的传统织物。这个名字取自特威德河（River Tweed），因为这种面料是使用这条河中的水来清洗和完成的。今天花呢这个词，表示的范围很广泛，如：羊毛、羊毛混纺和类似的面料。除了实用之外它还有另一个主要的吸引人之处，即通过染色和织造技术可产生许多赏心悦目的色彩。爱尔兰多尼戈尔地区的花呢由于其在斑点、起绒和花呢类型上的特点而在整个花呢领域显得独一无二。

通过选择颗粒感很强的安格尔纸，下图的画稿质量得到了很大提高，面料的渲染也表现得淋漓尽致。通过用马克笔画出底色，用油画棒画出阴影，用软蜡笔添加彩色斑点的办法把整个夹克衫表现了出来。细条纹布裤子是用马克笔来呈现长裤粗糙的面料质感，用白色画笔画出垂直线的。

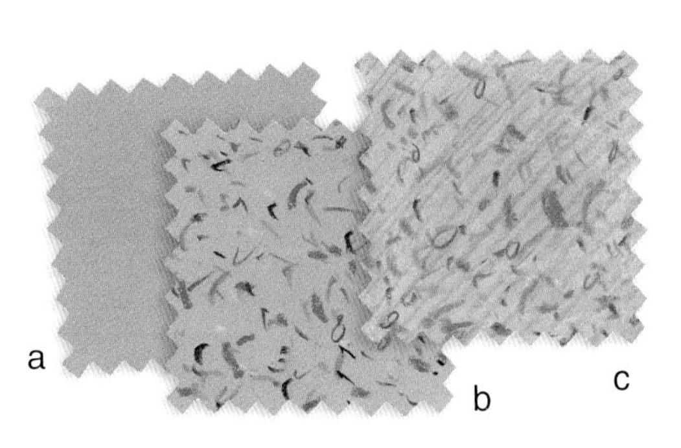

多尼戈尔花呢
a. 用马克笔画出底色。
b. 用铅笔、蜡笔、色粉添加随机的点点。
c. 用彩铅创造毛粒（织物表面上的小球状纤维结）和纹理。

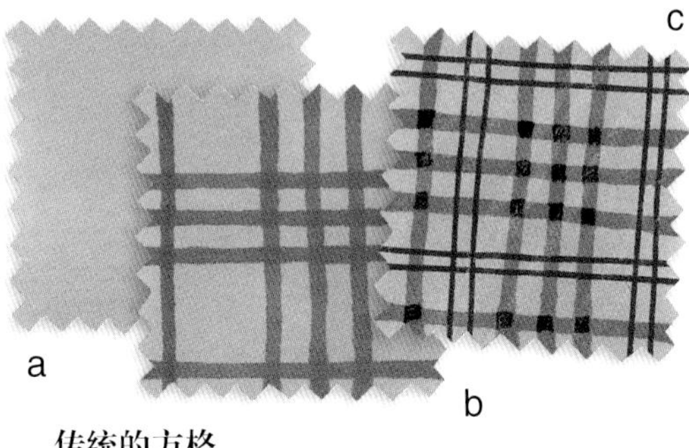

传统的方格
a. 用马克笔画出底色。
b. 再用马克笔画出格线。
c. 用彩铅画出重叠的格线。

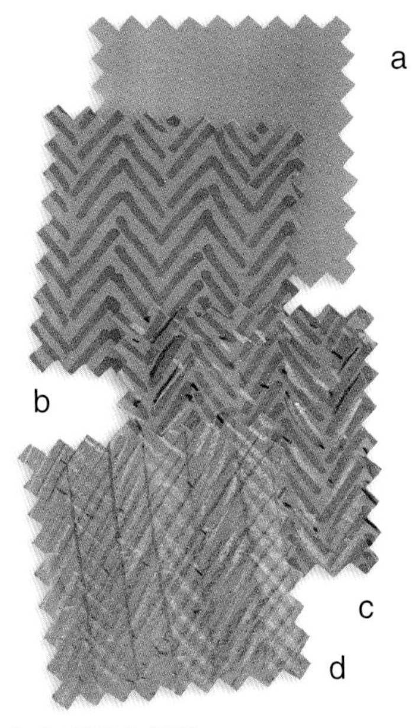

人字形图案花呢
a. 用马克笔画出底色。
b. 用马克笔画出基本的人字形结构。
c. 用彩铅来增添高光和花呢的纹理效果。
d. 另一种方法是使用彩铅在马克笔绘出的底色上画出人字图案（请参见对页中软人字形条纹的画法）。

牧羊人方格（格子棉布型织物）
a. 用铅笔画出基础的格子，然后用细纤维笔画出两列斜条纹线。
b. 再以斜条纹线的方式画出水平横列，使其交叉成格。
c. 两列线的交叉区域，以几乎被填满的方式强调了厚实的感觉。
d. 可以通过改变横、竖列的宽度和距离的方法来调整方格的大小。

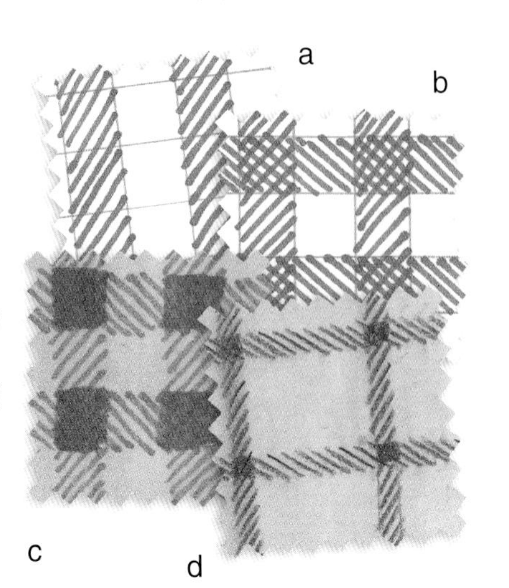

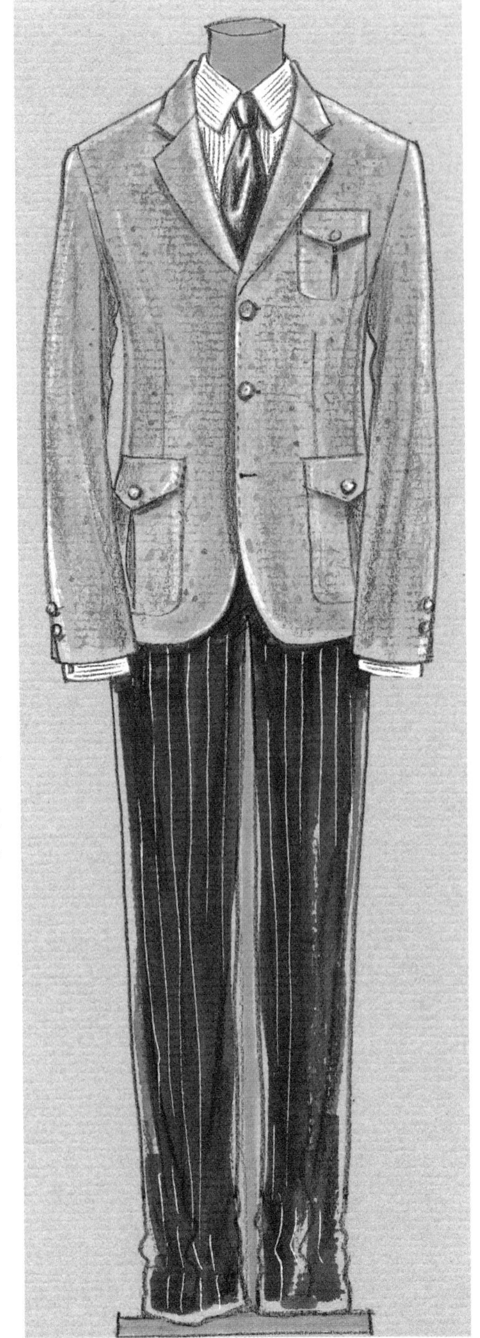

人字形是一个使用（对角线）斜纹织法织几个回合之后再反织，以产生条纹似的人字形效果的传统编织图案。

牧羊人方格，是用两组，每组四个、六个或八个线的对比色，以花呢的织法表现的。名称有可能源于在苏格兰边境山丘生活的牧羊人所穿的格子图案。千鸟格或犬牙花纹是这种织法的变体。在许多英国贵族的狩猎区都发展出了他们独特的方格、颜色和样式。这些独特的方格样式后来被人们广泛地视为显示身份和地位的标志。

格子棉布是一种通过将染色纺线与白色或未被染色的纺线进行对比，以小方格的形式组成大的方形结构的编织方法。

本页中，灵巧的马克笔线条勾勒出螺纹圆领毛衣。在这件大衣绘制中，马克笔用于基础的轮廓描绘，细纤维笔用来完成人字形图案。白色中性笔用于绘制高光和暗线。裤子是先用马克笔绘出底色，然后用蜡笔绘制阴影和高光来表现的。

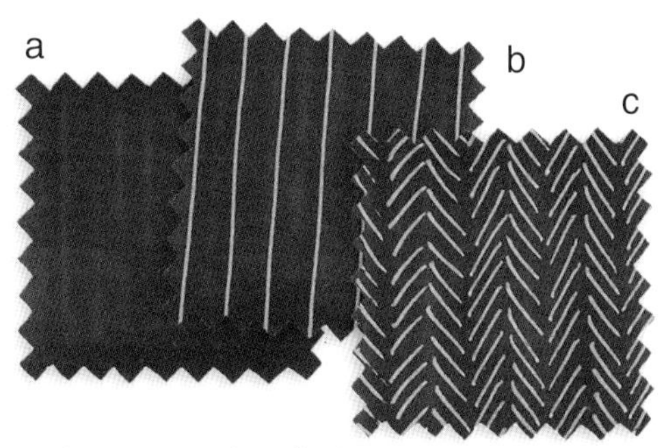

细条纹和细人字形条纹

a. 用马克笔描绘黑色的底色。
b. 用白色的中性笔绘制细条纹。
c. 用中性笔画出看起来清晰、简练的人字形图案。

软人字形条纹

这种花呢质感的人字形条纹是使用软彩铅在马克笔所绘制的黑色底色上画出的。

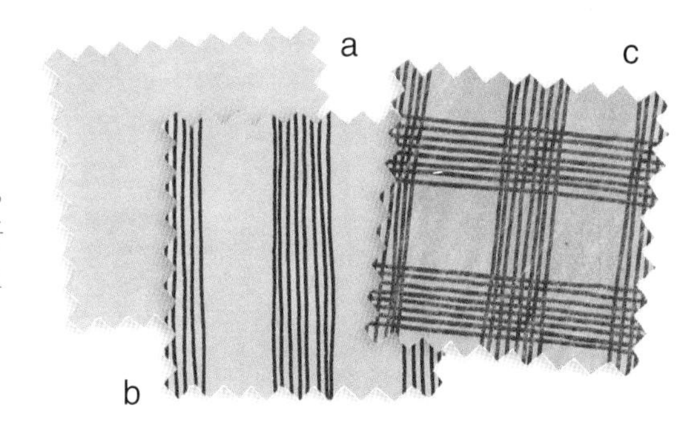

威尔士王子方格

a. 用马克笔画出底色。
b. 用细纤维笔加上一组组的竖线。
c. 这种一组组的横线也是用细纤维笔画的，然后用彩铅在其上添加纹理并加深颜色。

千鸟格花纹（较小规模的纹样有时被称为小狗牙儿）

a. 使用铅笔绘制网格，用马克笔标记方格。
b. 擦掉网格后用细纤维笔添加连接方格间的垂直方向的对角线。
c. 再添加连接方格间的横向对角线。

印　花

印花是一种在已经织好的织物上创造新花纹的方法。千百年来世界各地都有将印花印制在面料上的传统。18世纪末发明的滚筒印花术改革了这项技术，使几乎每个人都买得起印有图案的面料。现代的数字印刷工艺再次升级了这项技术，着力解决可印颜色数量受限的问题，以及重复图案大小的问题。

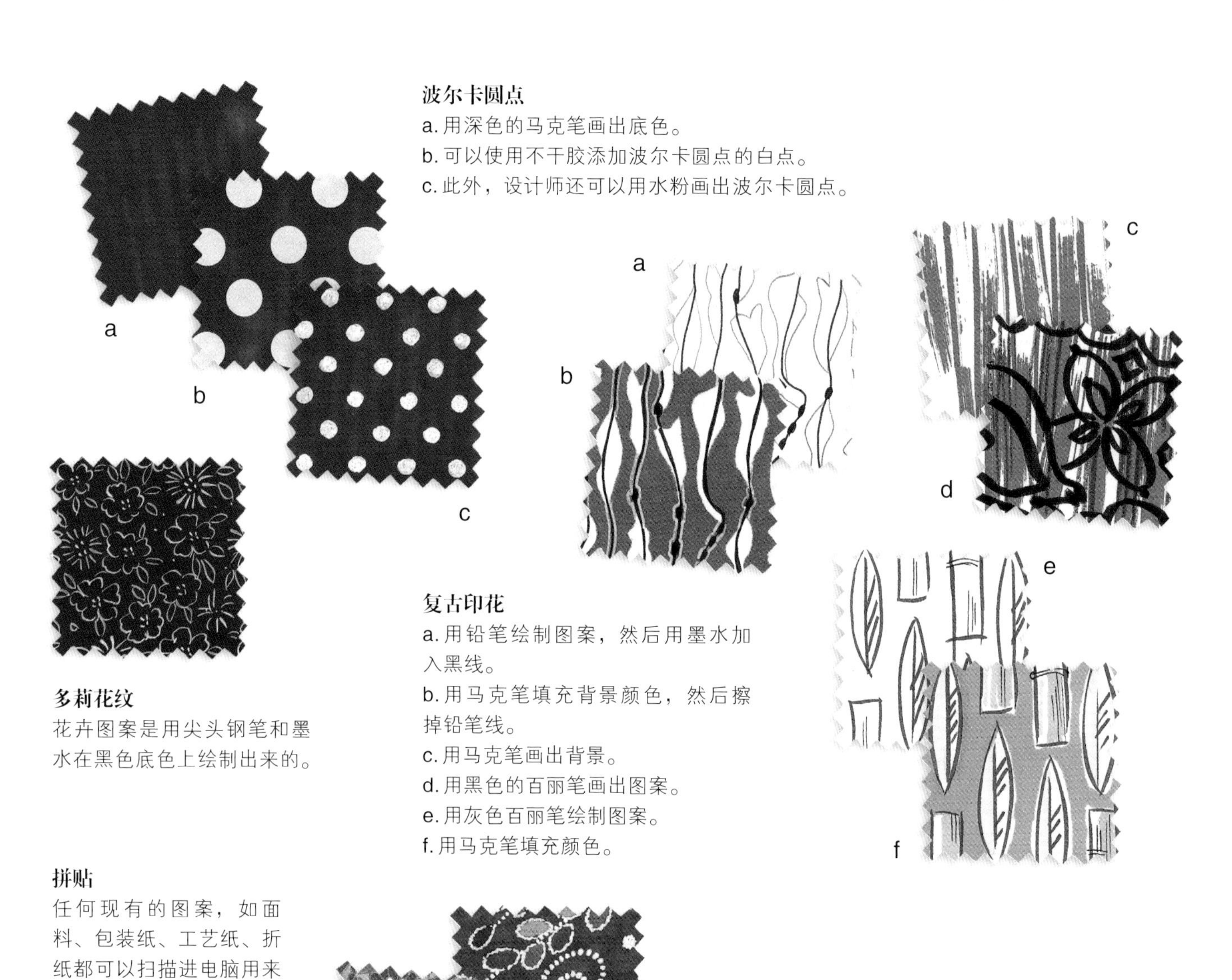

波尔卡圆点

a. 用深色的马克笔画出底色。

b. 可以使用不干胶添加波尔卡圆点的白点。

c. 此外，设计师还可以用水粉画出波尔卡圆点。

多莉花纹

花卉图案是用尖头钢笔和墨水在黑色底色上绘制出来的。

复古印花

a. 用铅笔绘制图案，然后用墨水加入黑线。

b. 用马克笔填充背景颜色，然后擦掉铅笔线。

c. 用马克笔画出背景。

d. 用黑色的百丽笔画出图案。

e. 用灰色百丽笔绘制图案。

f. 用马克笔填充颜色。

拼贴

任何现有的图案，如面料、包装纸、工艺纸、折纸都可以扫描进电脑用来拼贴。

棉布是棉纤维织物。棉纤维生长在一个棉铃里（类似保护胶囊），缠绕着棉属植物的种子，通过拆散和处理，以长股的形式用于制作织物。它在世界许多地区种植，不同国家的棉纤维不同，各有自己的特质和优点。例如埃及棉植物有非常长的纤维，可以编织上等的全棉面料，常被用于制造高品质的衬衫和精细床单。棉布上的图案分为两类：编织上去和印刷上去的。编织图案包括不同的条纹和格子，是用不同颜色的经纱和纬纱编织而成的。印刷图案几乎涵盖了所有类型的图案。

用软性铅笔在水彩纸上画出碎花裙的图案，同时用水彩画一些浅的阴影。用彩铅画阴影并定稿。

佩斯利印花

a. 该图案是先用铅笔轻轻画出，然后用细纤维笔勾线，最后擦掉铅笔稿。

b. 用马克笔和彩铅上颜色。

扫描面料

可以扫描碎花面料以用作拼贴图案的素材。

印花棉布

a. 用细铅笔绘制图案。

b. 用水彩画出主色调，当它完全干燥时再擦掉铅笔稿，再用彩铅画出细节并定稿。

第5章

绘制外套和套装

对面料质量、特点和质感的更多了解和对服装的细节、结构的理解与欣赏，会使你在画时装画的时候更加自信。因此，下一个重要的步骤是了解衣服的一些结构，包括衬衫领子是如何立起来并围住脖子的、夹克的领子是如何翻的，以及如何制作衬衫的袖口、女裙的开口、衣袋、衬肩、密褶和活褶等内容。同样的，如果你了解如何实现服装的休积感以及如何分解、控制，你会得到一个更好的轮廓。

无论是在家里还是在商店里你都可以用挑剔的眼光去关注服装并且学习，你可以从中学习到很多知识。可以提出一些问题：这里为什么会这样，如何制作出这个形状，领口和系扣是怎样固定的？你可以尽情地在商店试衣服，或让你的异性朋友试给你看，这样你就可以更好地理解服装的微妙变化和复杂结构。如果有可能的话，在更衣室里把衣服从内到外认真的观察、研究一番。好的作品来自于好的观察。当你进行设计的时候，绘画的部分功能就是去表现服装构造和解决任何与服装有关的问题，最终使设计得以完美地实现。

请记住，你可能会试图画出你头脑里产生的新想法，实际上也总是会有一些东西可以帮助你了解如何把这些想法绘制出来，用你在剪贴簿里收集到的具有相似特点或可供参照的材质进行创作——你找到的图片，从杂志上撕下来的图案，在博物馆中的临摹和时装画等。甚至把织物用类似的方式悬垂出一个礼服的样子或自己站在镜子面前，这可以促进你的想象力发展并帮助你更好传达你的草稿图中展现的想法。请尝试不同的变化直到你设计出一幅能够准确表达你的思想的作品——随着你的绘制想法的变化及无数可能性的出现，将它们都独立地表现出来吧。最重要的是在这个过程中找到乐趣！

都市女孩

1. 描绘一个你的模特模板，修改模特的姿势。
2. 绘制出服装的轮廓、设置主要细节的位置，如衣领领口的深度和角度。用铅笔轻轻地标记，这样可以很容易地擦掉和修改。继续使用铅笔轻轻画出发型、五官及配饰。记住画的衣服应该被绘制得略大于模特本身，这样会使他们看起来更真实，更轻松。
3. 当你觉得一切都很恰当时，用中等纤维笔或百丽笔画轮廓和细节，然后擦除铅笔痕迹。
4. 完成所有的轮廓后，你可以使用马克笔和水彩上色——这可以产生更流畅的效果并使你可以加入你自己的渐变效果。或者使用油画棒画出更柔和、更模糊和微妙的感觉。这个时候用马克笔绘制肤色是最理想的选择。最好的效果并不是把颜色涂满整个轮廓；这会使完全上色后的图纸看起来很平面而且毫无生机。用马克笔快速地顺着裙子褶裥的方向画，以实现动感的效果。
5. 画出精细织物的细节，例如用彩铅和蜡笔绘制织物的质地。添加小阴影可以帮助提升层次感和表现出更立体的衣领、口袋等。你可能想强调衣服表面的针线痕迹或添加一个闪亮的纽扣边缘线，白色的彩铅笔或蜡笔可以帮助你把这些添加到深色面料上。画出脸上的妆容和头发的高光。

度假风女孩

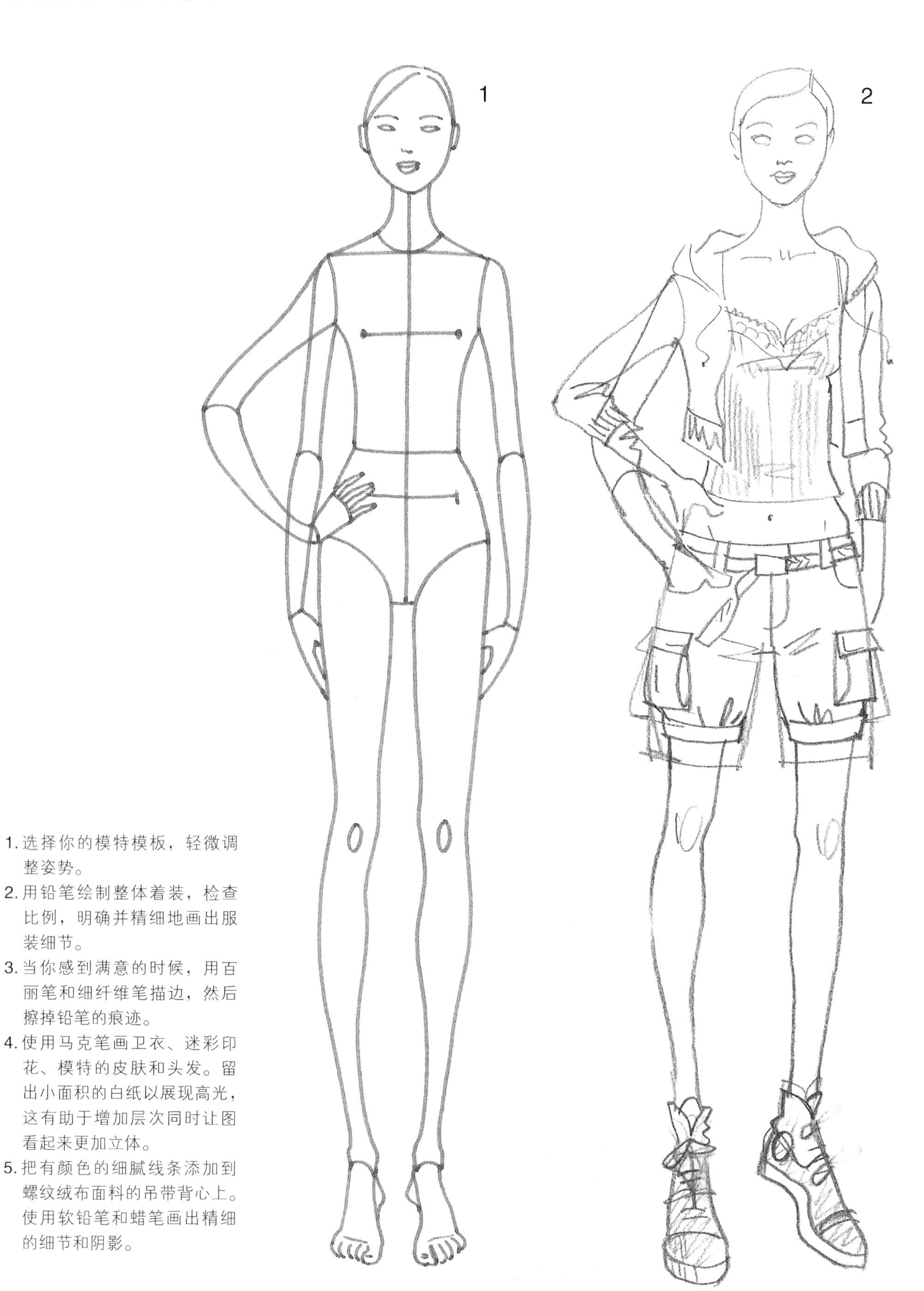

1. 选择你的模特模板，轻微调整姿势。
2. 用铅笔绘制整体着装，检查比例，明确并精细地画出服装细节。
3. 当你感到满意的时候，用百丽笔和细纤维笔描边，然后擦掉铅笔的痕迹。
4. 使用马克笔画卫衣、迷彩印花、模特的皮肤和头发。留出小面积的白纸以展现高光，这有助于增加层次同时让图看起来更加立体。
5. 把有颜色的细腻线条添加到螺纹绒布面料的吊带背心上。使用软铅笔和蜡笔画出精细的细节和阴影。

3
4
5

派对女孩

1. 选择你的模特模板，轻微调整姿势。
2. 用铅笔画出服装的款式并调整比例。
3. 用百丽笔和细纤维笔画出服装和人物，擦除铅笔的痕迹。
4. 使用马克笔给衣服、皮肤和头发上色，留出白纸的部分作为高光。
5. 使用软的彩铅和有纹理的铅笔添加底纹，然后随意地在宽松的衣服上画闪耀的亮片。使用彩铅给模特的脸化妆并完成贴合派对氛围的整套服装。

3
4
5

都市男孩

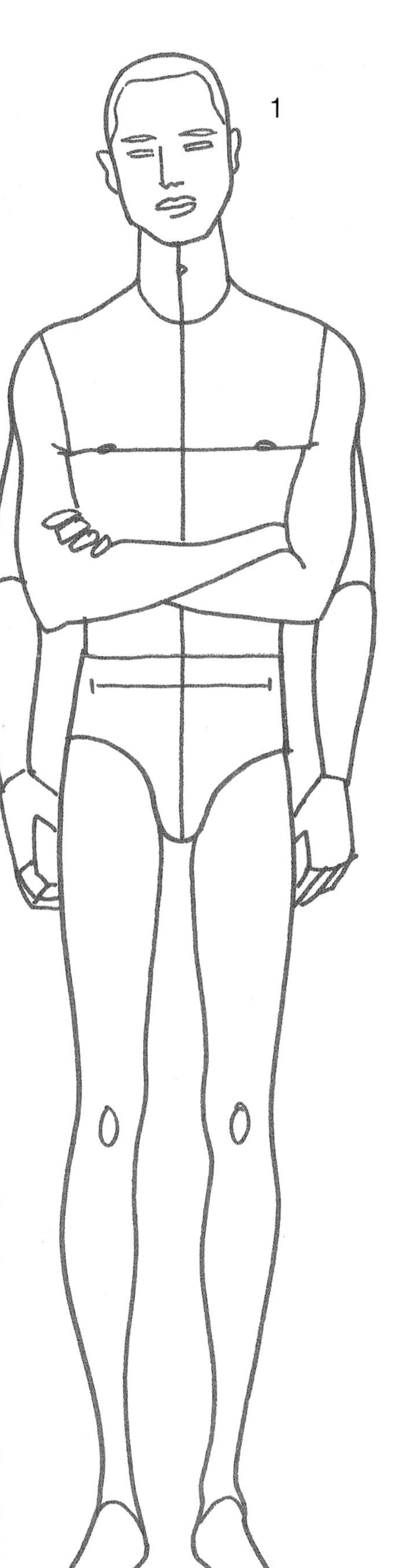

1. 选择你的模特模板，轻微调整姿势。
2. 用铅笔绘制整套着装，最后检查比例并设定所有细节。
3. 一旦你感到满意，请使用百丽笔和细纤维笔落实轮廓、结构和细节。注意：这里使用小虚线画羊毛和抓绒质感的内搭衣服。
4. 使用浅色铅笔来画相对复杂的北欧风格提花毛衣上的图案。用马克笔画牛仔裤和翻领毛衣的底色。
5. 继续用细纤维笔丰富毛衣图案，保持图案的松散度而不要让边界太清晰，以表示羊毛般的柔软质感而非平面印刷的外观。使用彩铅添加毛衣和牛仔裤的阴影和高光。再用彩铅画出以斜纹方式排列的细线来描绘牛仔裤的纹理质感。

3
4
5

度假风男孩

1. 选择你的模特模板，轻微调整姿势。
2. 用铅笔起草服装轮廓，调整比例并制定所有细节。
3. 用百丽笔和细纤维笔描出服装、轮廓和细节，擦掉铅笔的痕迹。
4. 用马克笔上色，留出白纸的部分用来增加细节和作为高光部分。
5. 使用彩铅增加必要的细节和高光，并且使用画斜纹线的方式为牛仔布料增加纹理效果。

派对男孩

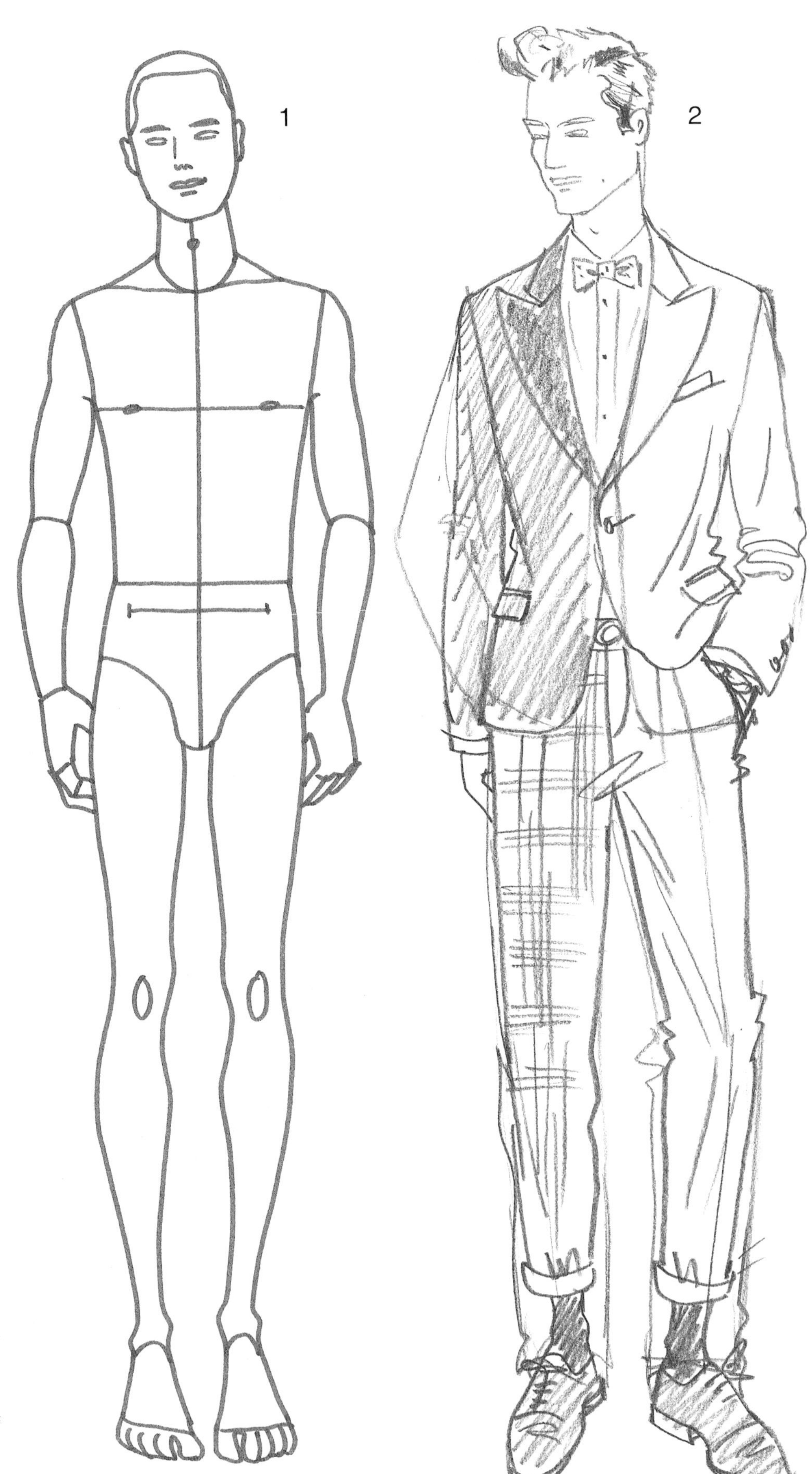

1. 选择你的模特模板，轻微调整姿势。
2. 使用铅笔勾勒出服装的基本轮廓、比例、细节及配件。
3. 使用百丽笔和细纤维笔画出轮廓和明确的细节，然后擦除铅笔的痕迹。
4. 使用马克笔上色。黑色织物总是很难出彩，尽管马克笔有的颜色的密度已经很好了，但为了让服装最后出来的效果更立体，你必须要在预先设想的基础上多留一点白。然后给裤子上颜色。
5. 用彩铅画出裤子的光感，你的目的仅仅是给出一个示意的图案。使用马克笔画配件、头发和肤色，并用修正笔画一个清晰的、带圆点的领结。

3
4
5

第6章

利用模板作图和设计

正如我们在第5章中看到的，使用模板对表现衣服有很大的帮助。同样，模板对正在进行的服装设计工作很有用，它使创意更为快捷，并能够有效地实行。选择一个适合的模板，不仅反映了在人口统计调查中客户的平均尺寸和所占比例，也能使你在你的设计中以适当的方式进行最好的描绘。

除了模特模板图之外，设计人员还可以使用“平面款式图”，这是具体的服装外轮廓而不是模特的轮廓，它们是给制造商用来做衣服的。类似于模特模板图，平面款式图可以被放在纸下做快速描摹，以确保按照此模板绘制的一系列图片在大小和尺寸上保持一致。这样能更好地评估和对比不同的设计。

更详细的平面款式图通常被称为“技术图纸”，以表现特殊的服装细节如翻领、领口、布料和针脚等内容为重点，并提供了深入和准确的指导方针，以确保服装能被准确地制作出来。要使用的面料信息也要表达清楚，无论是画、拼贴还是扫描。插图的描绘里必不可少的就是保持面料描绘的清晰度和整体面料搭配的舒适感。除了用传统方法绘制平面款式图，许多现代设计师使用CAD（计算机辅助设计）软件去制作非常精确的平面款式图。

平面款式图和速写式服装款式图

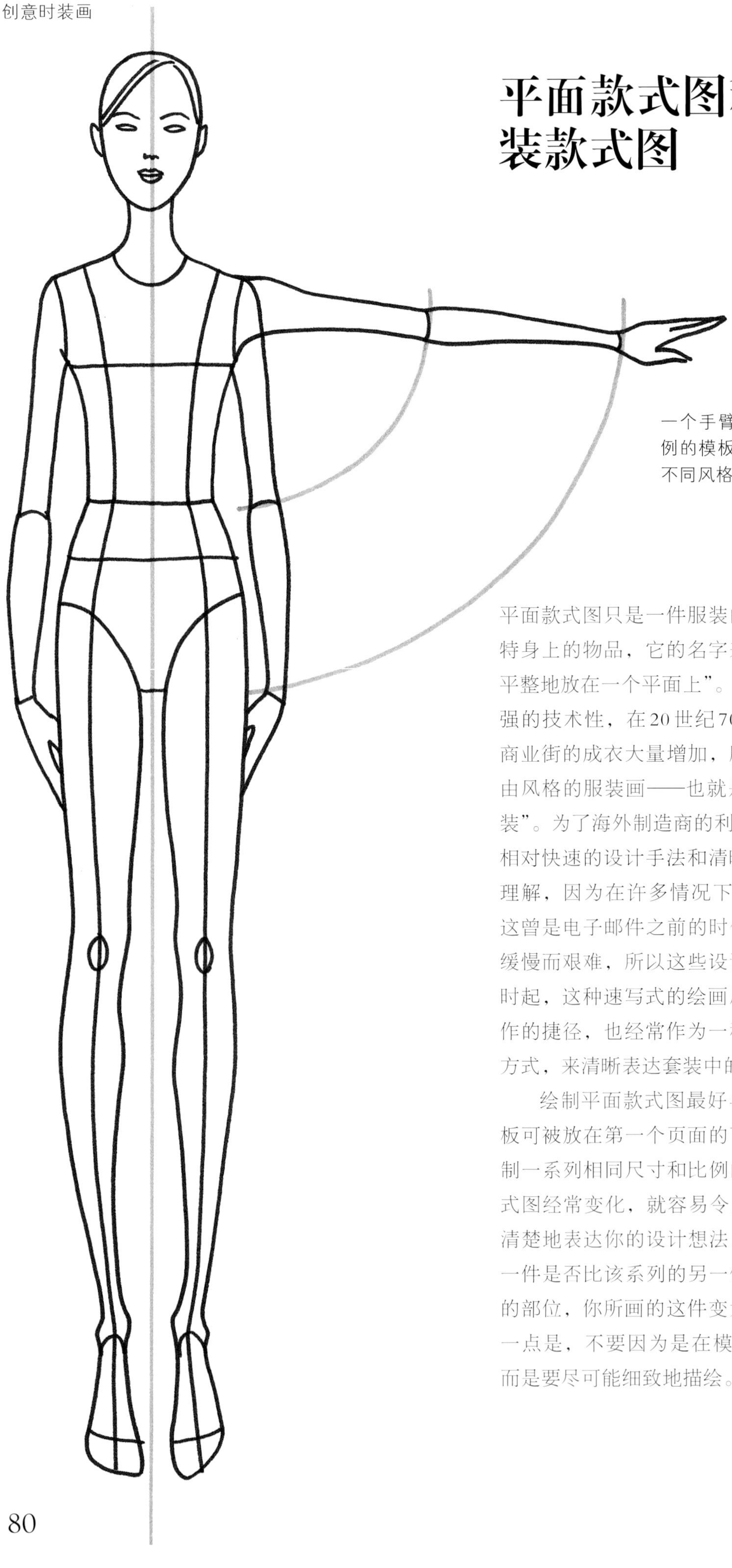

一个手臂抬起的，夸张比例的模板可以用来绘制出不同风格款式的袖子。

平面款式图只是一件服装的外观图，而不是穿在模特身上的物品，它的名字来源于“画出的衣服仿佛平整地放在一个平面上”。速写式服装款式图没有太强的技术性，在20世纪70年代和80年代初，由于商业街的成衣大量增加，所以这一时期开始流行自由风格的服装画——也就是我们现在称的“快速时装”。为了海外制造商的利益，设计师需要养成一个相对快速的设计手法和清晰的绘画风格来便于人们理解，因为在许多情况下这些人连英语都不会说。这曾是电子邮件之前的时代，后续沟通往往进行的缓慢而艰难，所以这些设计必须要清晰明了。从那时起，这种速写式的绘画风格或多或少成为设计创作的捷径，也经常作为一种与模特模型图相结合的方式，来清晰表达套装中的每一件衣服。

绘制平面款式图最好与模特模板图一起，该模板可被放在第一个页面的下方以便使你能够快速绘制一系列相同尺寸和比例的服装。如果你的平面款式图经常变化，就容易令人混淆——它可能不能很清楚地表达你的设计想法，例如，你所绘制的其中一件是否比该系列的另一件衣服更大，或者在相似的部位，你所画的这件变大了。也要记住很重要的一点是，不要因为是在模板上绘制而产生了束缚，而是要尽可能细致地描绘。

诺埃尔·查普曼（Noel Chapman）
使用模板画的一个小设计草图。

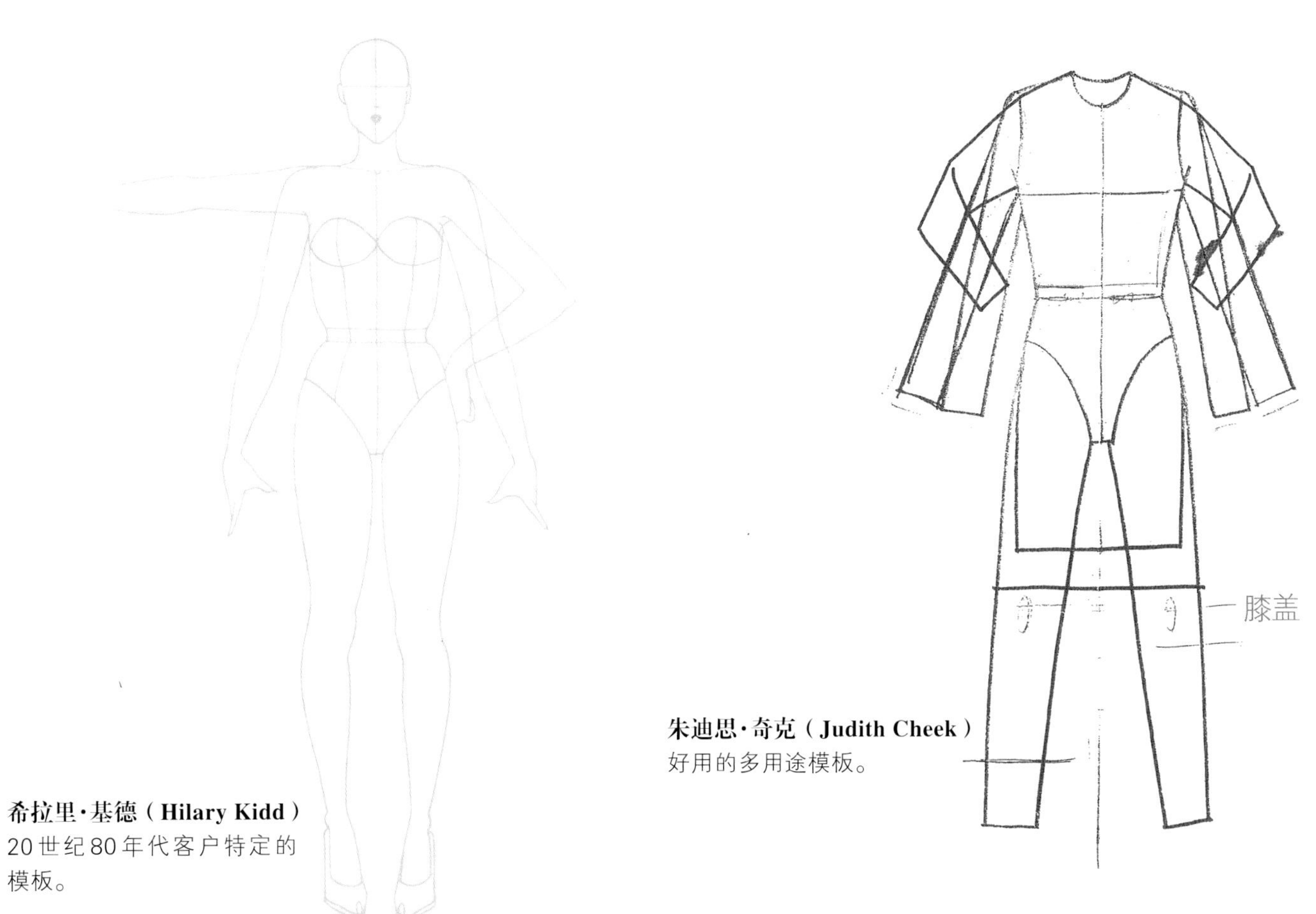

朱迪思·奇克（Judith Cheek）
好用的多用途模板。

希拉里·基德（Hilary Kidd）
20世纪80年代客户特定的模板。

建一个平面款式图的模板

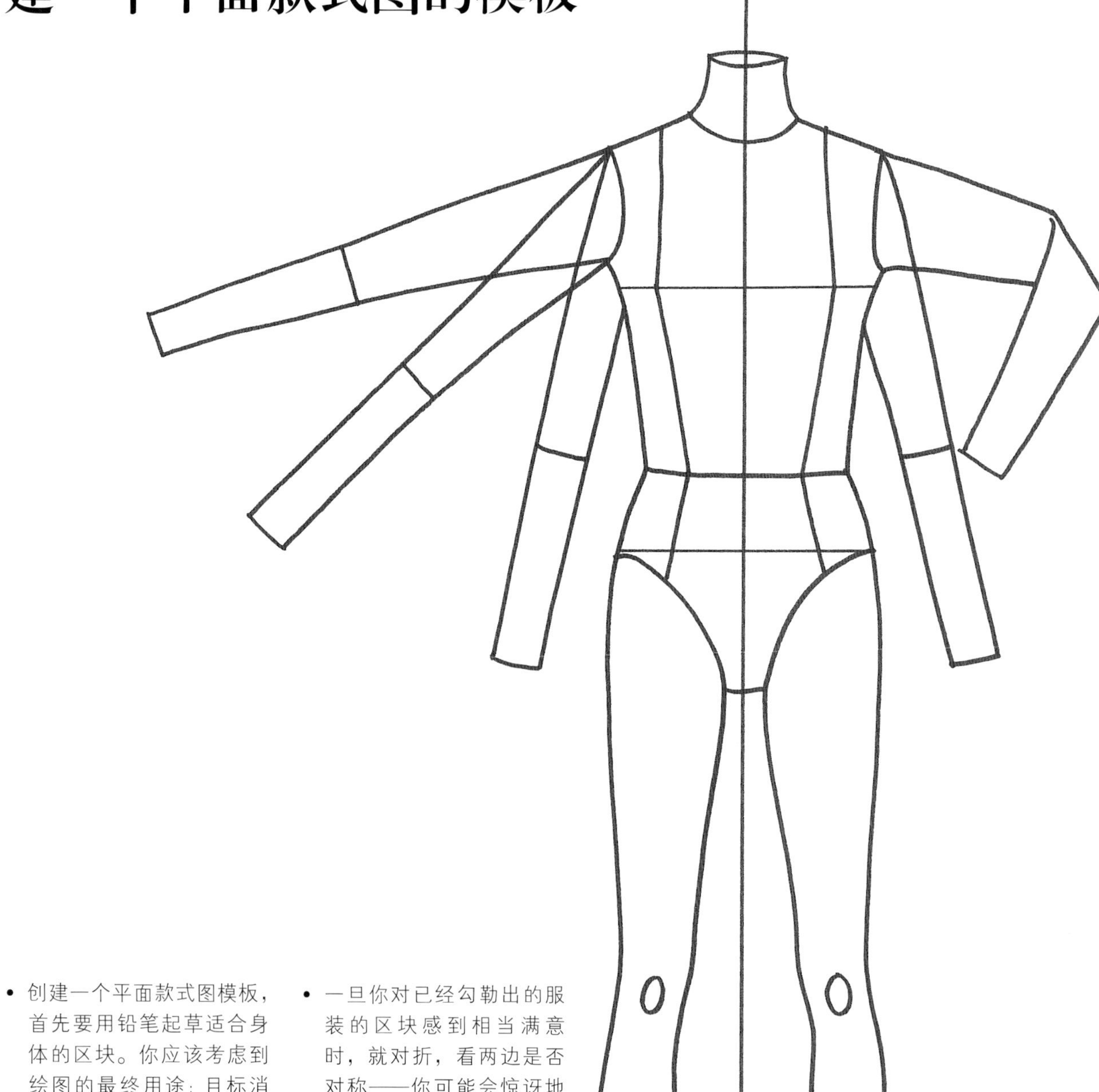

- 创建一个平面款式图模板，首先要用铅笔起草适合身体的区块。你应该考虑到绘图的最终用途；目标消费群对于你的设计来说很重要，与较老的、较经典的款式相比，当你的设计是针对年轻消费群的时候，就需要将不同的区块作为设计重点。正常情况下平面款式图模板通常不会是夸张的比例，他们会真实地再现一件衣服，特别是在精确展示服装的时候。
- 一旦你对已经勾勒出的服装的区块感到相当满意时，就对折，看两边是否对称——你可能会惊讶地发现服装画得特别歪，这需要你作出修订以完成一个专业的服装设计。
- 当你修正和完善区块后，要么重新描边并擦掉铅笔稿，要么用透写台拓印在另外一张干净的纸上。

平面款式图：女性

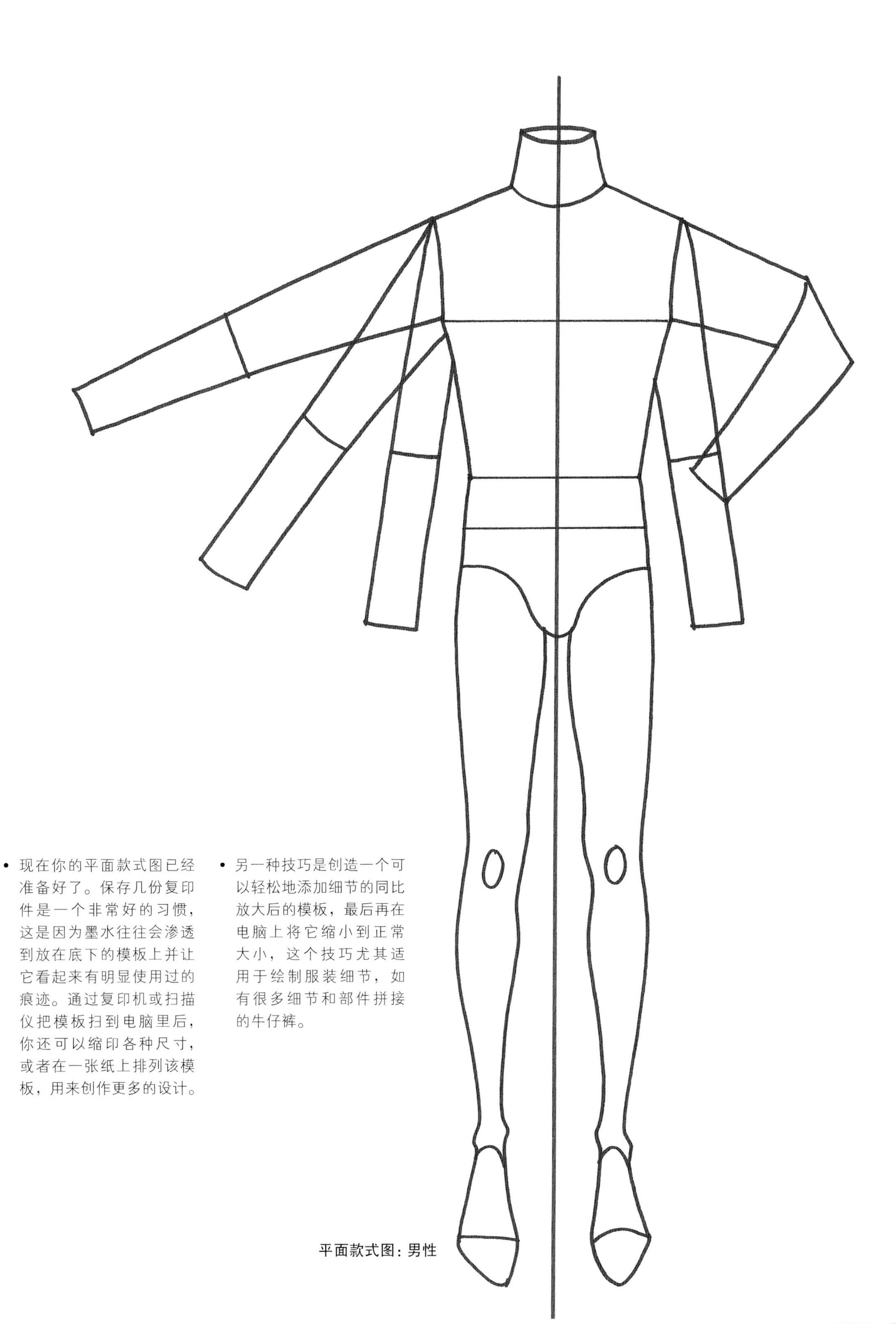

- 现在你的平面款式图已经准备好了。保存几份复印件是一个非常好的习惯，这是因为墨水往往会渗透到放在底下的模板上并让它看起来有明显使用过的痕迹。通过复印机或扫描仪把模板扫到电脑里后，你还可以缩印各种尺寸，或者在一张纸上排列该模板，用来创作更多的设计。
- 另一种技巧是创造一个可以轻松地添加细节的同比放大后的模板，最后再在电脑上将它缩小到正常大小，这个技巧尤其适用于绘制服装细节，如有很多细节和部件拼接的牛仔裤。

平面款式图：男性

平面款式图：案例

为清晰起见和避免单调，对于所有类型的平面款式图、速写服装款式图和技术图纸，你应使用各种不同粗细的笔。粗线笔可以用来明确外边缘、襟翼和开口，而细线笔则应当用于绘制间面线。百丽笔可以帮助在立体的速写服装款式图上增加一些小细节以及描绘更加丰富、细腻的面料。

虽然是强调服装使用功能的图，但人们应该知道平面款式图和立体速写服装款式图都需要有吸引力；它还必须有说服力、表现力并且能畅销，所以请保持绘画的精确度以及吸引眼球的画面感。

女式风衣
外轮廓线：0.8毫米纤维笔
缝合线：0.3毫米纤维笔
口袋和领子：0.5毫米纤维笔
间面线：0.05毫米的纤维笔

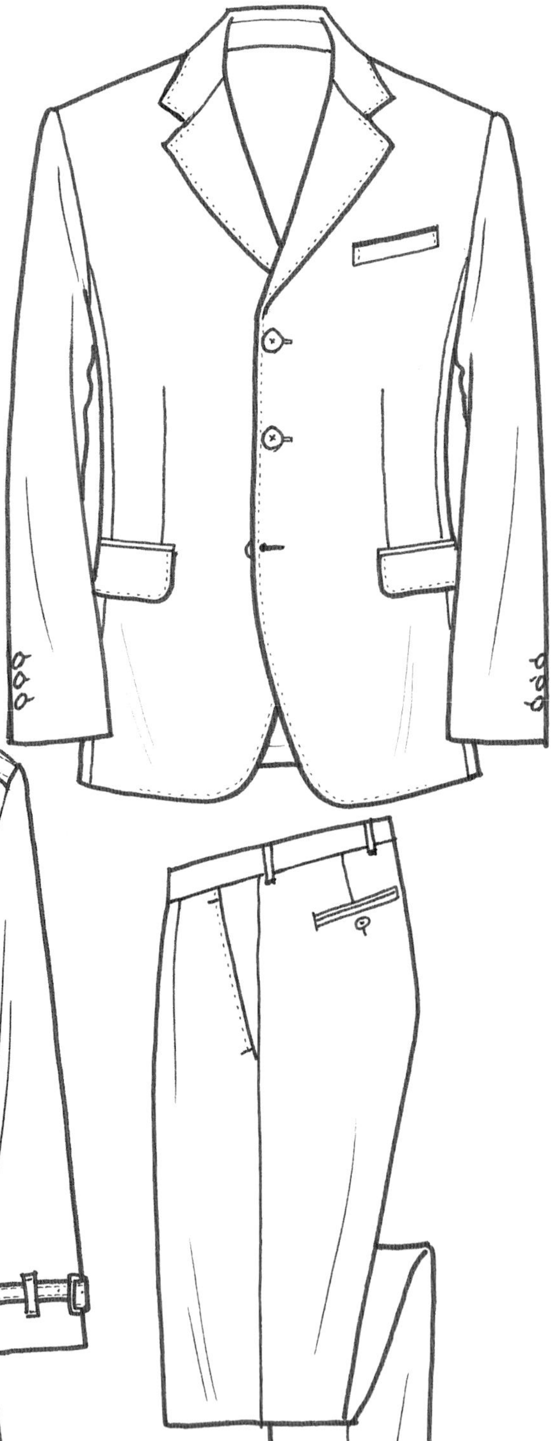

男士西装
外轮廓线：0.8毫米纤维笔
缝合线和口袋：0.5毫米和0.3毫米纤维笔
间面线：0.05毫米纤维笔。

男装T恤

外轮廓线：0.8毫米纤维笔

缝合线和领口：0.5毫米纤维笔

标志/数字：0.3毫米纤维笔。在这里有一个额外的提示：用计算机打印出你的标志或数字，乐于尝试不同的比例和字号，直到你得到适宜绘图的比例和外观。

间面线：0.05毫米纤维笔。

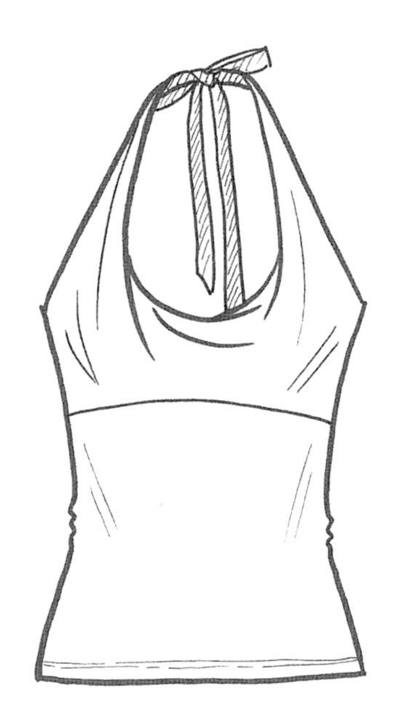

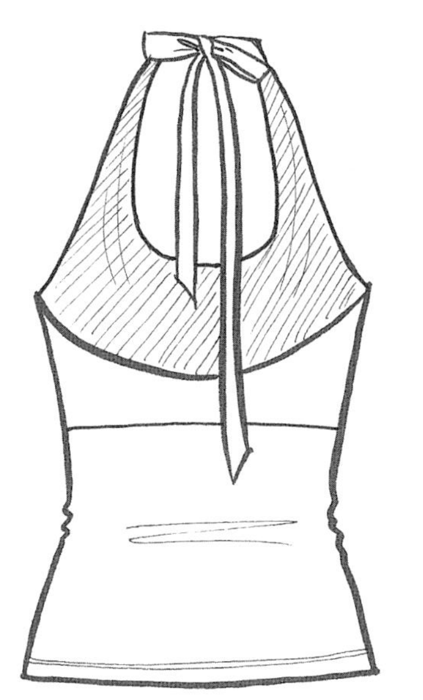

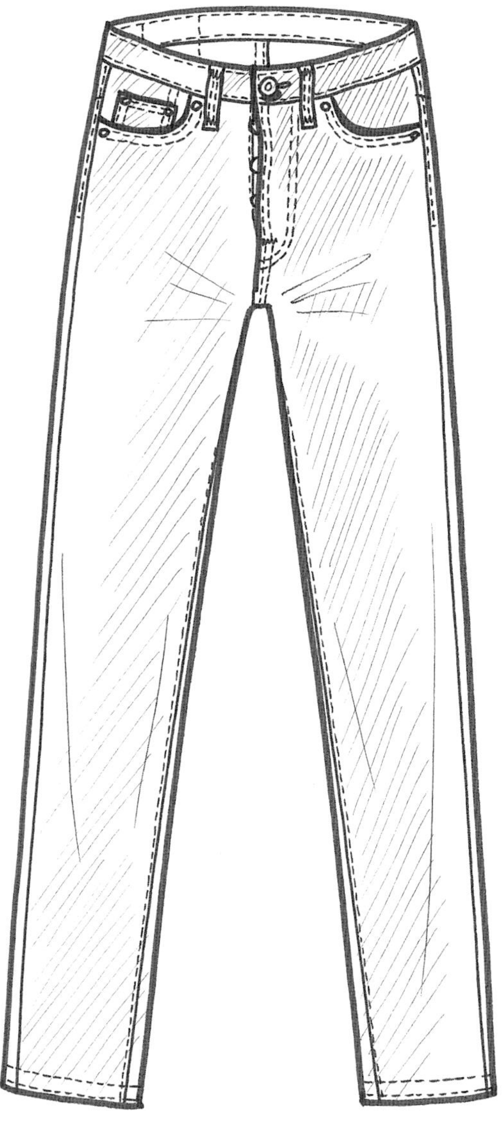

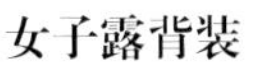

女子露背装

外轮廓线：百丽笔

缝合线：0.05毫米纤维笔

内阴影：0.05毫米纤维笔。对于这种类型的服装，有必要添加阴影，它使绘图更容易读懂。

经典的五口袋牛仔裤

外轮廓线：0.8毫米纤维笔

缝合线：0.3毫米纤维笔

间面线：0.1毫米纤维笔

牛仔布纹（斜纹）：0.05毫米纤维笔

工艺结构图

一个工艺结构图是以传达如何制作一件服装为目的的。无论是你或是制作服装的第三方，在这个阶段设计师都是通过它来分析和解决问题的。技术图都很详细、严谨，结构图纸包括所有必要的尺寸。同时有必要为那些特别难懂的细节提供额外的细节图。如口袋和衣领，需要对它们做出进一步的解释。

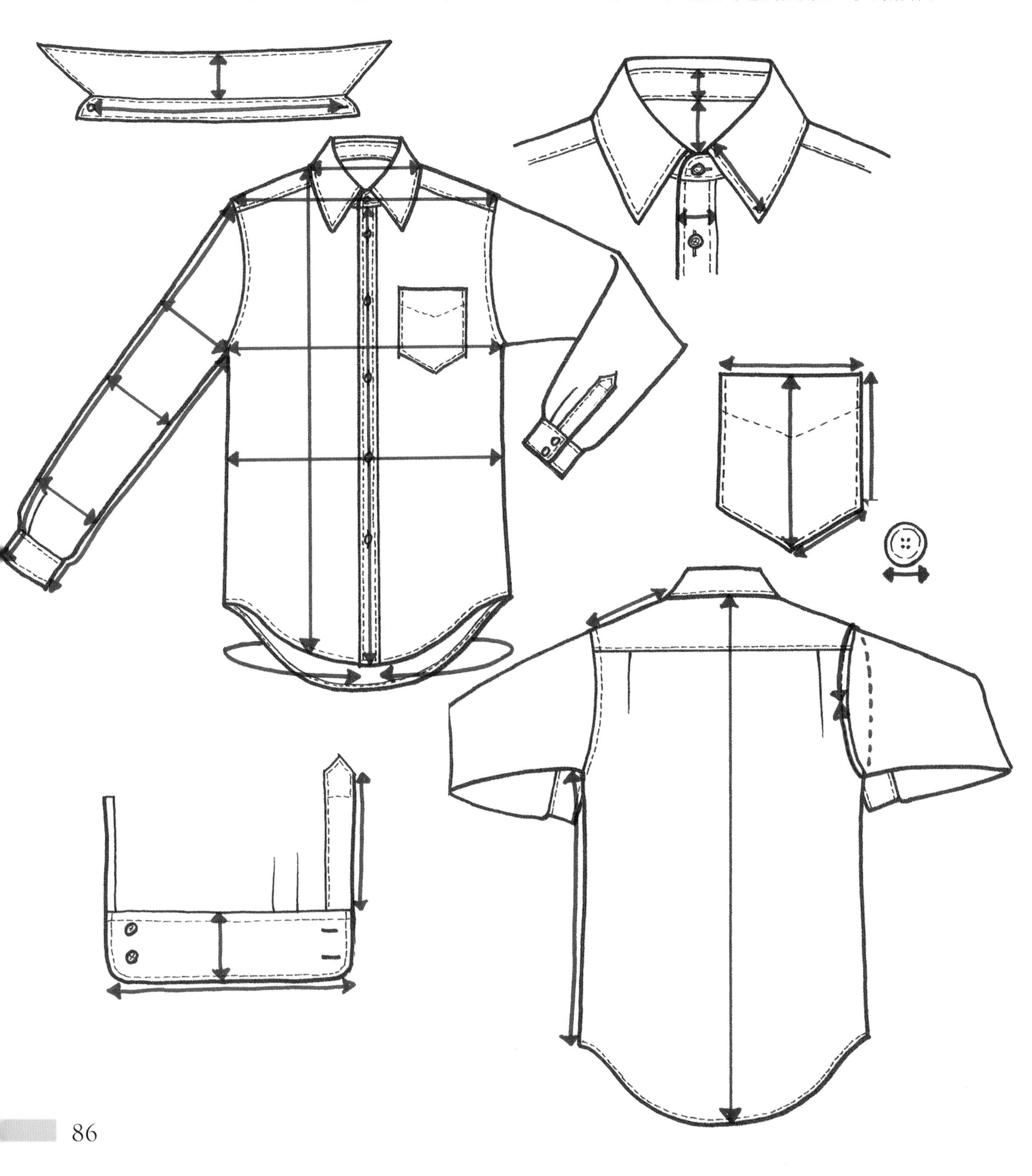

得到恰当的风格和细节——男装衣领和翻领

衬衫衣领的风格多种多样。受流行趋势的影响，这些简单、精致、有着细微差别的线之间的变化随着时间的推移甚至能够引起所谓的经典演变。然而，所有的这些源于六个基本的设计。主要分为两大类：单片领，即从一块布料上切割出的，且没有单独的支架；两片衣领，其中包括一个单独的领子和支架。

无领上装——有时也被称为"爷爷衬衫"或者"爷爷领"、"立领" 衣服——是一种没有独立领子的衬衫。它起源于传统、刻板的衣领被按需系上或拆下以使衬衫更容易清洗的时期。这也延长了衬衫的寿命，当衣领无法再使用时可以简单地替换。中式立领和尼赫鲁领的结构和风格很相似。

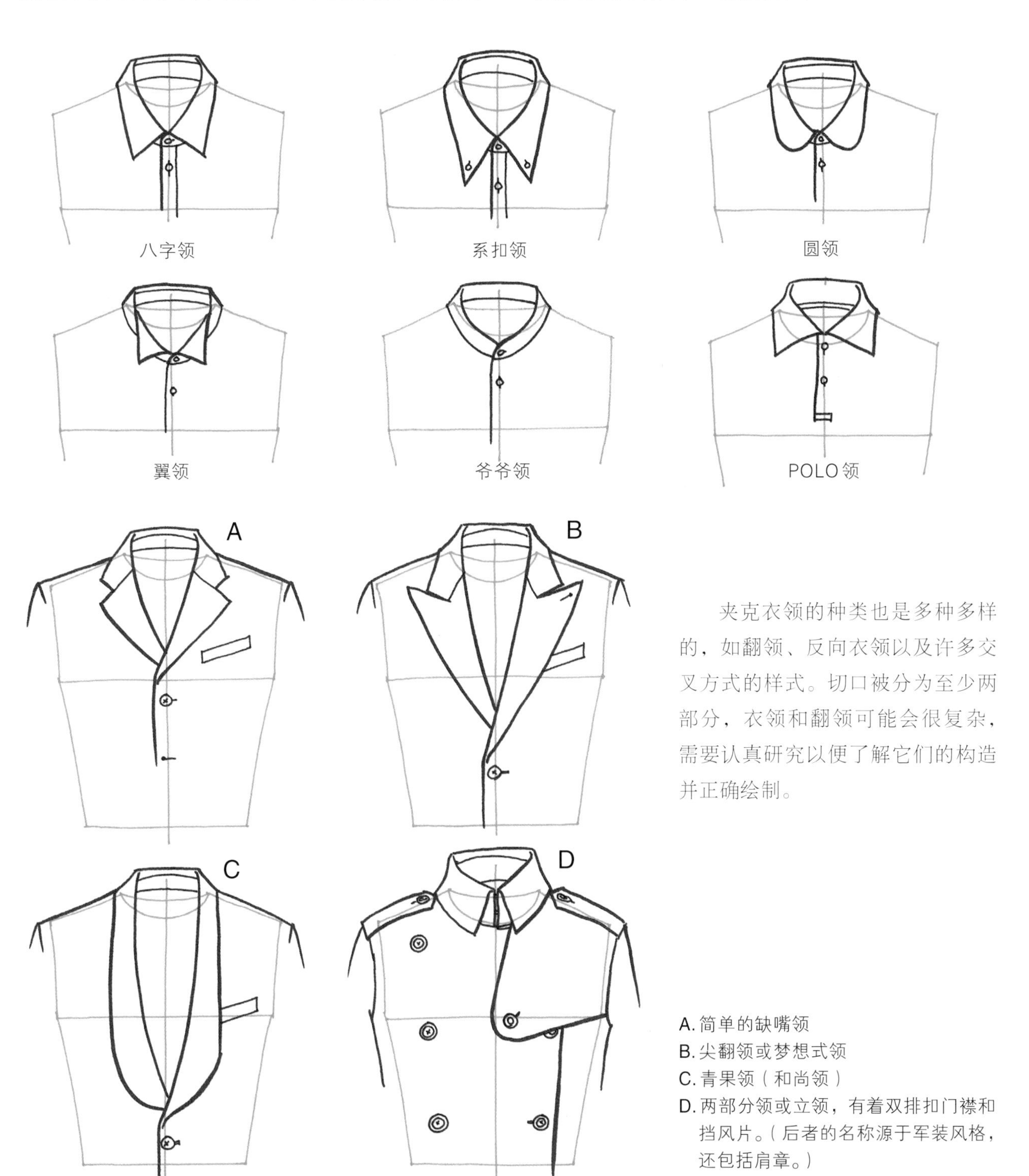

夹克衣领的种类也是多种多样的，如翻领、反向衣领以及许多交叉方式的样式。切口被分为至少两部分，衣领和翻领可能会很复杂，需要认真研究以便了解它们的构造并正确绘制。

A. 简单的缺嘴领
B. 尖翻领或梦想式领
C. 青果领（和尚领）
D. 两部分领或立领，有着双排扣门襟和挡风片。（后者的名称源于军装风格，还包括肩章。）

得到恰当的风格和细节——女装衣领，褶子布料和裙子

得到恰当的风格和细节——口袋

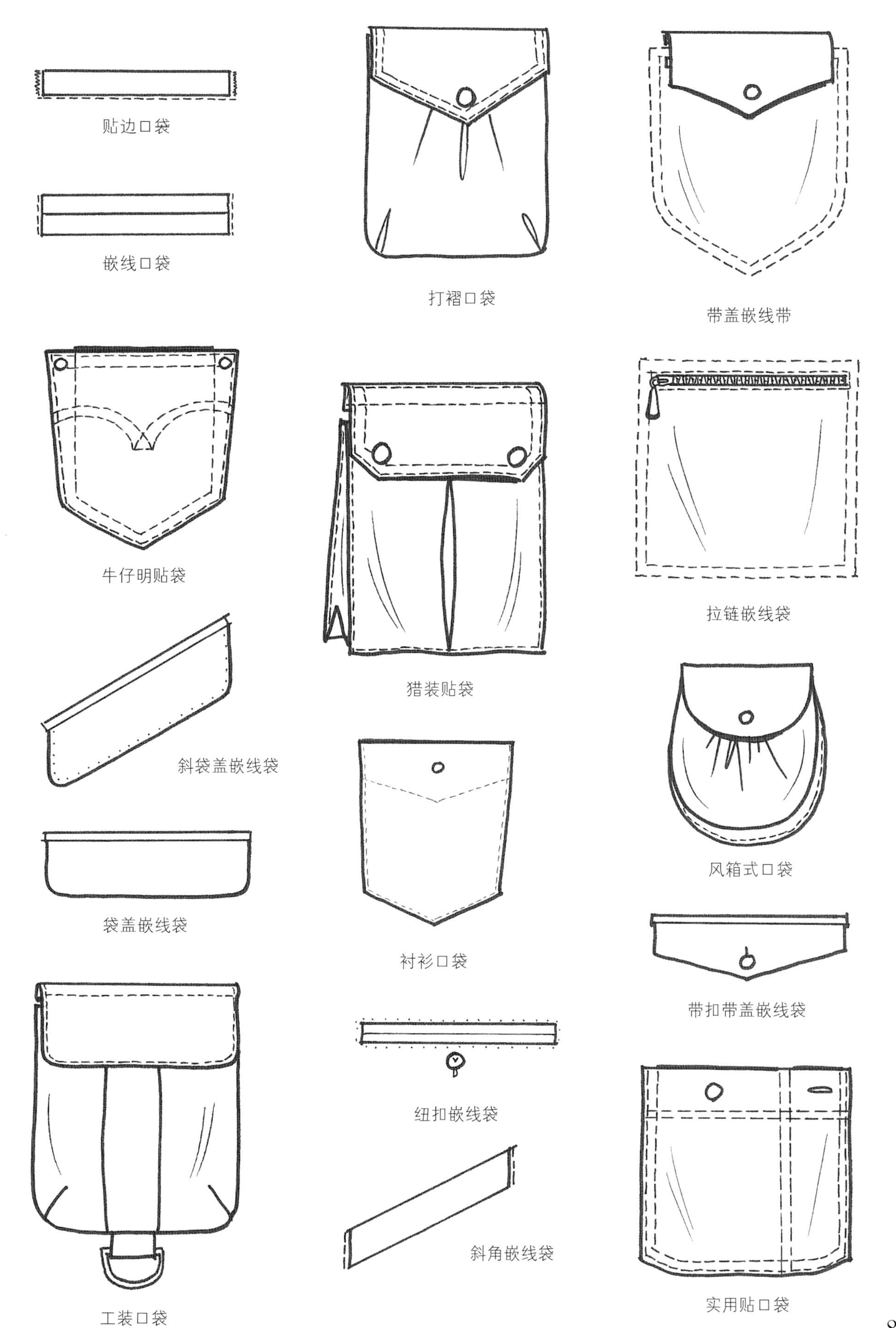

得到恰当的风格和细节——缝合线和细节

下面将展示一些不同的缝合线和成品的例子，但你总是会遇到新的、不同的类型。当你遇到不同的类型时关键是实践并发展自己的画法。

单线

双头钩针

三针间面线

锁缝针迹

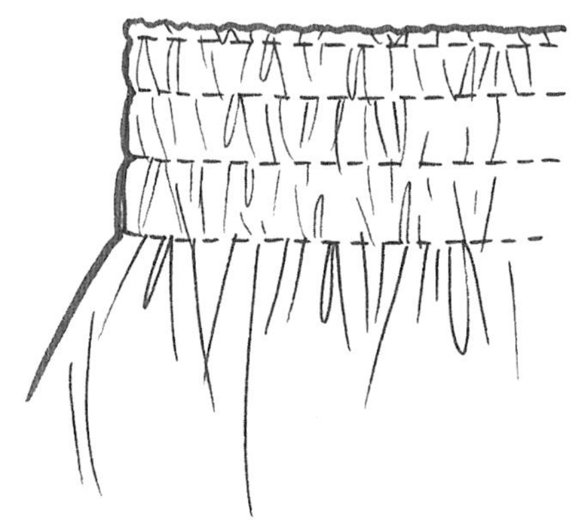

平行绉缝式

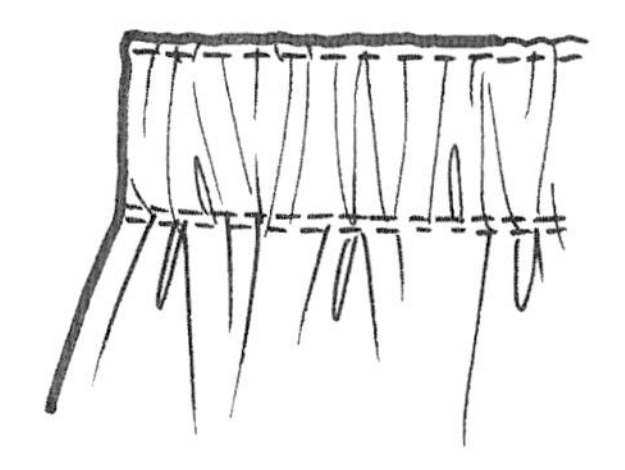

宽弹性下套管的腰带

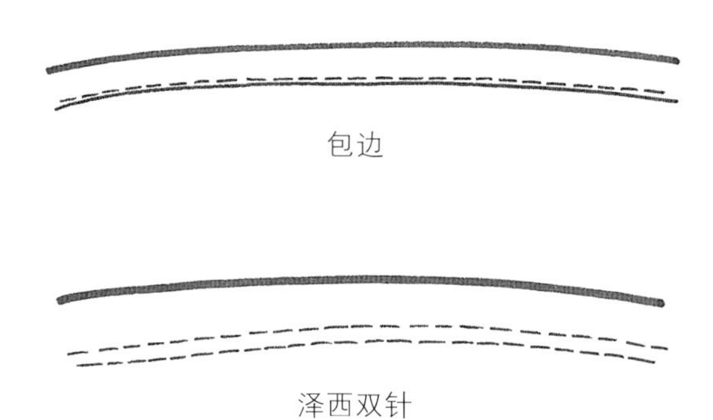

包边

泽西双针

锁边绣

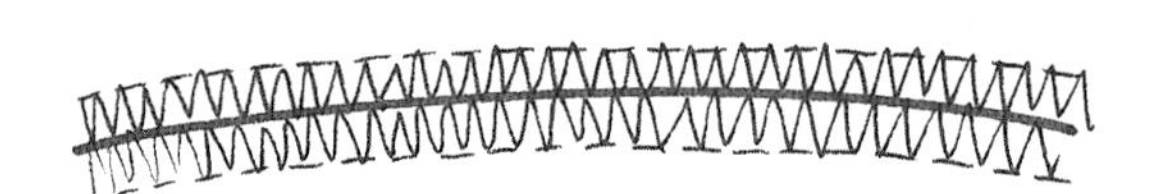

平锁/盖缝

小鞍缝线

戳针缝线

钥匙孔扣眼缝线

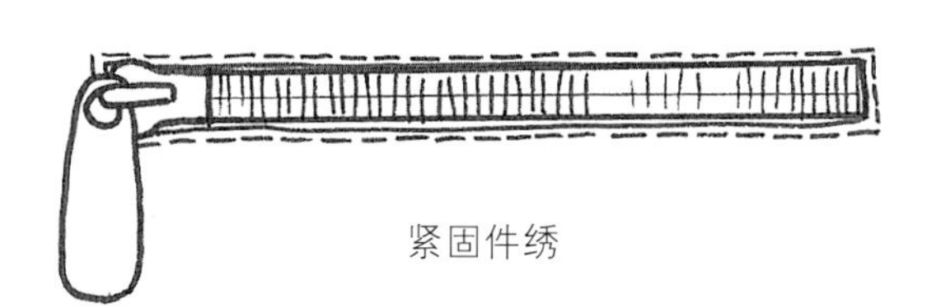

紧固件绣

针织服装细节

针织服装的绘制有一系列特殊的问题和注意事项；不仅要把这件服装的样式和细节画出来，而且还要把针织本身的纹理、图案和结构画出来。同样了解一些关于针织品的知识会提高你画图的能力。了解服装本身的一些特点，比如它的螺纹织法和提花，也能帮助你成功地展现想法。

精加工

密螺纹加工

包装带织法

莫斯针 1 × 1 螺纹

反向或吊袜 2 x 2 螺纹

篮子编织 3 x 3 螺纹

拉伸型宽编织渔夫纹

北欧风格编织

水手衫编织法

埃尔朗编织螺纹

费尔岛图案花毛衣

条纹织物

三个阶段的编织花纹

三个阶段的雪花花纹

在平面款式图和速写式服装款式图中绘制面料

如果平面款式图是以生产为目的，通常带有规格限定，并带有一个不添加任何细节或面料质感的简单清晰的轮廓图。但是如果平面款式图是为了更多地说明设计的目的，你就需要说明面料。你以什么方式表现面料质感是很重要的，需要反复考量：会不会过于累赘？会不会造成视觉混乱？会不会太过死板？尝试用颜色涂满整个服装。不断的实践将帮助你为每一个设计制定合适的标准。

用各种不同的方式标示织物：

- 包含一个实际样本的布或提取出的样本。
- 绘制“焦点区域”来展示一个详述的区域。
- 在特定区域绘制有关面料的提示，淡入白色或背景颜色。

男士雨衣
轮廓线：百丽笔
缝合线和口袋：0.5毫米纤维笔
间面线：0.1毫米纤维笔
内衬：瓷器记号笔
颜色：马克笔和瓷器记号笔

男士帆布夹克

轮廓线：7B铅笔

缝合线和口袋：HB铅笔

间面线：HB铅笔

布料（帆布）：用彩色油画棒蹭出（在用于混凝土铺路的石子上摩擦），兑入石油溶剂或松节油。

里料：油画棒和瓷器记号笔

开襟羊毛衫
服装外轮廓：百丽笔
针织纹：0.3毫米纤维笔
针织纹：0.1毫米纤维笔和瓷器记号笔用于绘制纹理和阴影
颜色：马克笔

裙子
服装外轮廓：百丽笔
褶皱：0.3毫米的纤维笔
纹理和阴影：0.05毫米纤维笔

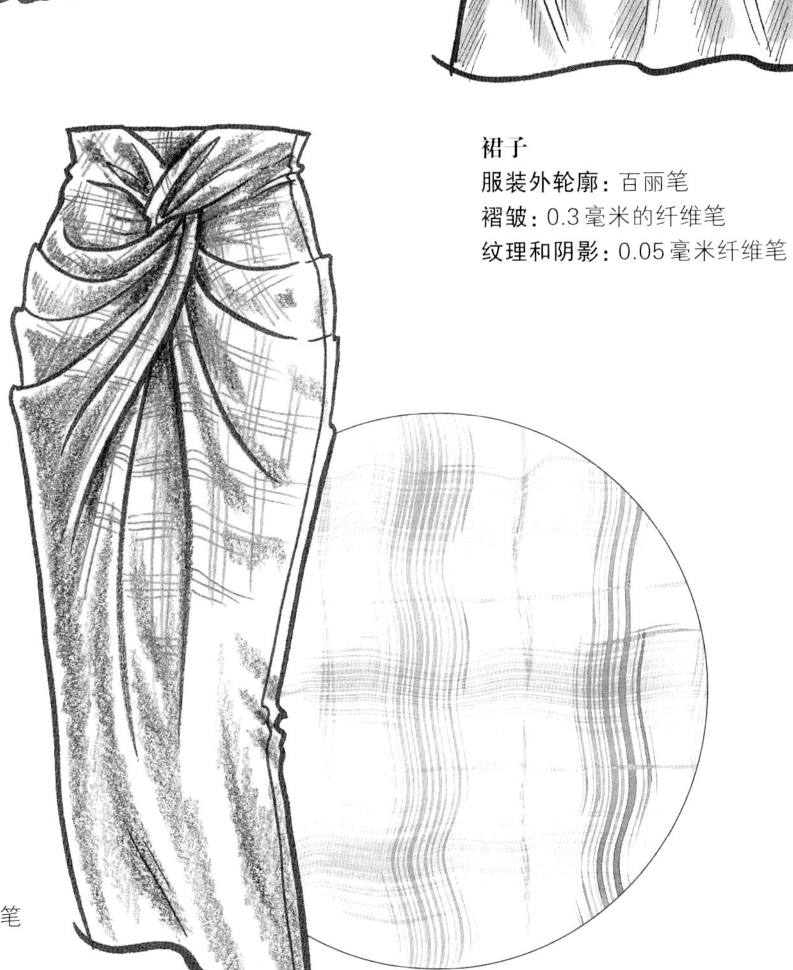

复古裙
服装外轮廓：百丽笔
阴影：7B铅笔

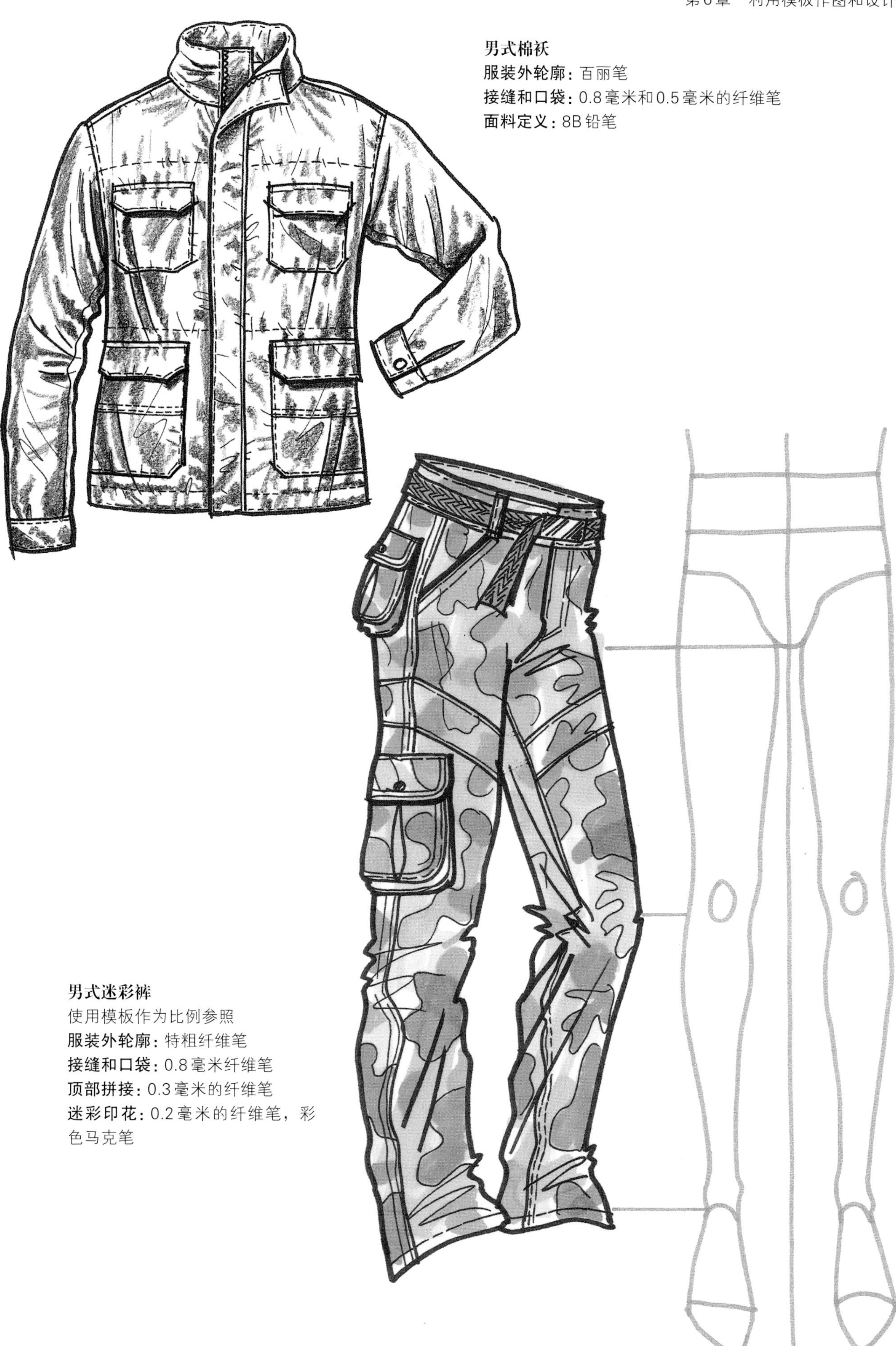

男式棉袄

服装外轮廓：百丽笔

接缝和口袋：0.8毫米和0.5毫米的纤维笔

面料定义：8B铅笔

男式迷彩裤

使用模板作为比例参照

服装外轮廓：特粗纤维笔

接缝和口袋：0.8毫米纤维笔

顶部拼接：0.3毫米的纤维笔

迷彩印花：0.2毫米的纤维笔，彩色马克笔

CAD：计算机辅助设计

在现今的行业中，平面款式图越来越多地使用计算机绘制。许多设计者说这种方式比手绘需要更长的时间，但只要插画家真正懂得衣服的构造，最终用电脑画出来的服装一般都更平滑、更精确而且更容易理解。当然你还可以做一个漂亮的设计细节的呈现，如间面线，平锁针和包缝线，所以牛仔服行业和运动服行业都选择了这种方式。然而很少有设计师会认为在最初设计的时候用计算机是顺其自然和游刃有余的，这就是为什么手绘设计仍然有用。

插画家玛蒂娜·法罗（Martina Farrow）是一个成功的手绘插画家，她从早期运用粗糙的程序实验，到用最近更新的软件做最复杂的设计，并在这个过程中逐渐磨炼了电脑插画技能。虽然玛蒂娜的大多数工作只是为了解说设计，但她认为手绘和使用电脑同样都适用于绘制平面款式图。在这里她向我们讲述了她的方法：

在苹果电脑上用Adobe Illustrator CS或类似的软件的时候，一个好方法是首先试用一下各种工具箱和设置中的指令（正如你想尝试任何其他材料），从而获得一个整体的了解，并从中知晓你将希望如何去使用它们。

确定一个插图的尺寸是合乎逻辑的起点。打开一个新建文档，然后选择其尺寸（如A4）和方向（横向或纵向），或选择“自定义”输入自己的画的尺寸。对于商业作品，要关注的是文件最终的大小，更大的画布尺寸意味着更大的文件，它会使储存数据和电子邮件都变得更大。这不适用于大量的一次性插图。

接下来，要决定是否使用自己的数码摄影文件作为参考，如果使用，就导入新的文件并相应地调整它的大小。

我一般先将图像锁定，然后使用铅笔工具徒手画，或使用钢笔工具准确描绘画的轮廓。或者你可以像在纸上一样在程序中绘制你的手绘图。Wacom数位板和压感笔通常比鼠标更易于使用，所以如果你打算做很多的CAD图，那么它或许值得你购买。

线一旦画完后，如果你用了参考图，就与参考图对照着看一下，然后删除它。通过使用直接选择工具或者相似的办法，可以调整、编辑这些锚点至所需的曲线。

如果成品是一幅只有线条的插图，那么这里有许多不同粗细和质感的线条可选。使用画笔菜单和笔刷库来进行实验。这里有种类繁多的、极好的、不同厚度的线和效果供你选择，包括粉笔、软铅笔、蜡笔、墨水、水彩和飞溅效果。

颜色色板几乎提供了每一种存在着的颜色！画笔菜单和填充菜单可以生成任意一种你喜欢的颜色或线的组合。在你自己选择的区域中填色或选择创造属于你自己的图案作为填充图案。

如果需要用潘通色卡的颜色作为参考，可以选择适当的色板。你也可以保存自己的选择作为个人色版。

尝试其他菜单吧，比如透明度和渐变。透明度选项包括设置如何改变颜色的呈现。例如：正片叠底能够使颜色重叠，造成如同它们在彩色胶片中层层相叠的效果。

“渐变”菜单是可以创建两种或更多种颜色合并的伟大工具。所有这些内容可以在CMYK或RGB颜色中或灰度模式中展开。

只需使用文字工具便可以很容易地将文字设定为任何类型的颜色、轮廓或图案。在AI工具箱中有许多种网格线和线的样式。

下面是一些使用电脑绘图的平面款式图的例子，来自琳奈特·库克（Lynnette Cook）的辅助教学。

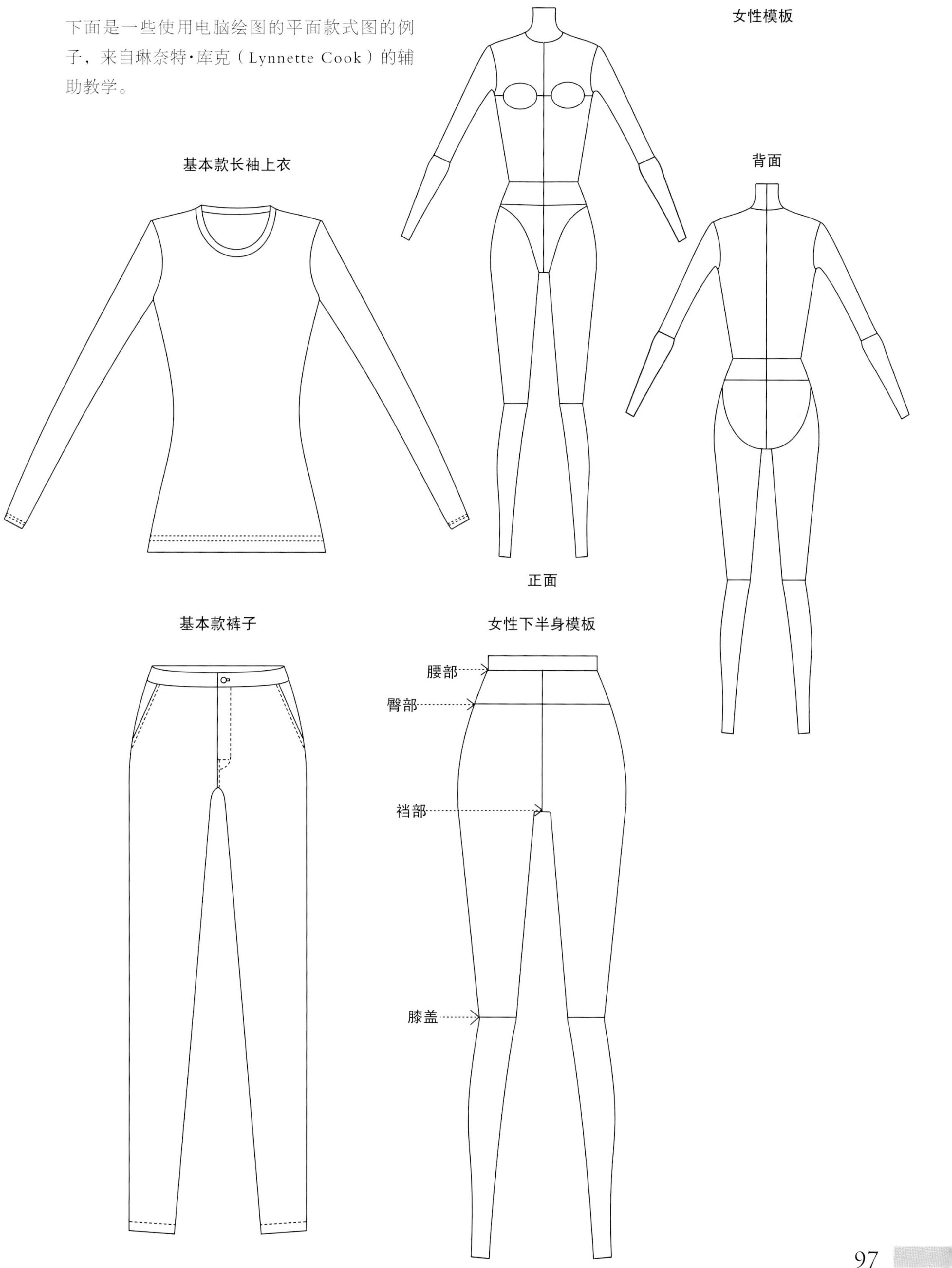

使用CAD绘制平面款式图的技术要求与参数

这些图纸是为了方便设计师和制作商之间的沟通。设计必须在不添加除尺寸外的更多说明的情况下能够自说自明。设计师必须全面了解和设想必要的设计结构以准确和清晰地传递设计意图。

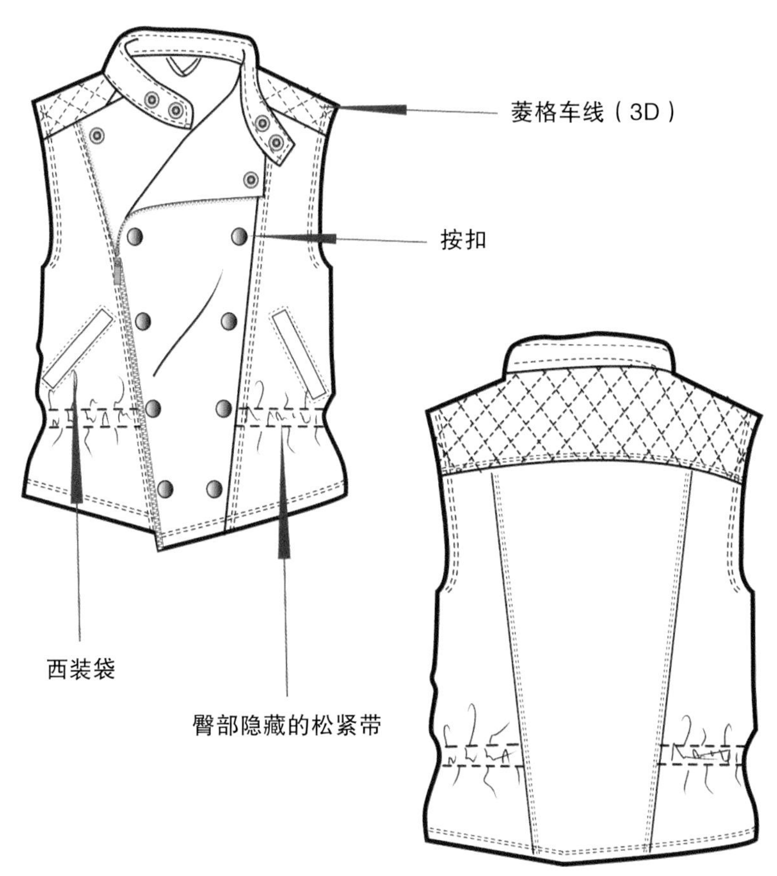

马瑞拉·埃特尔（Mariella Ertl），
ONLY，2012/13秋冬款
使用了Illustrator软件。

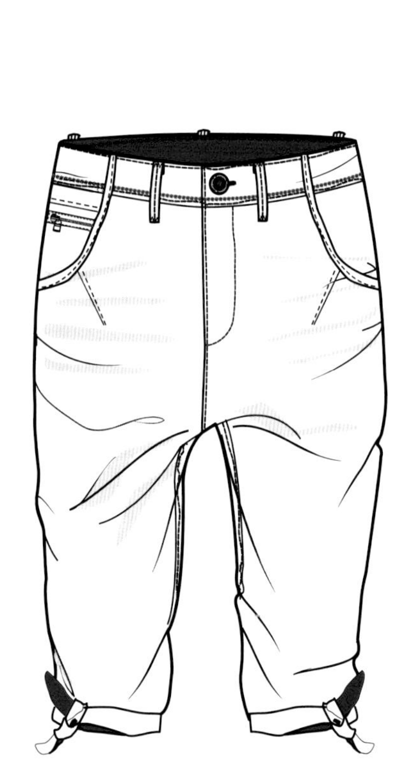

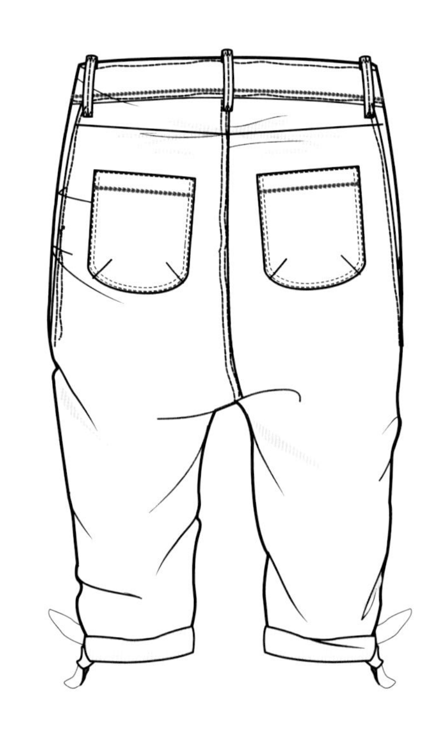

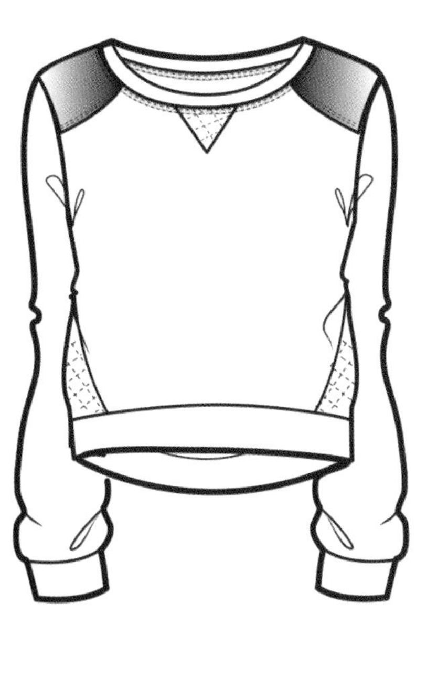

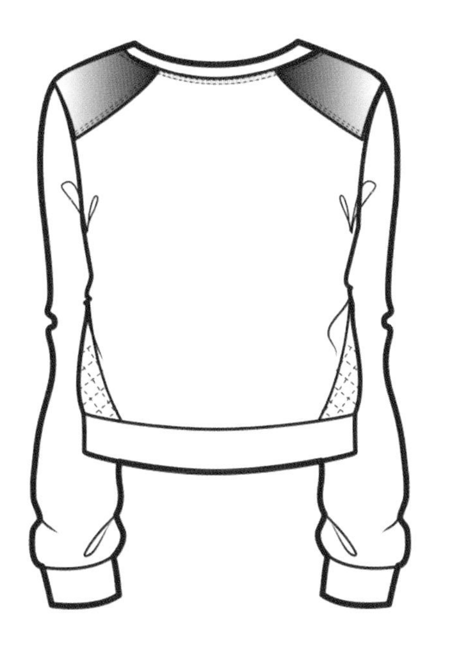

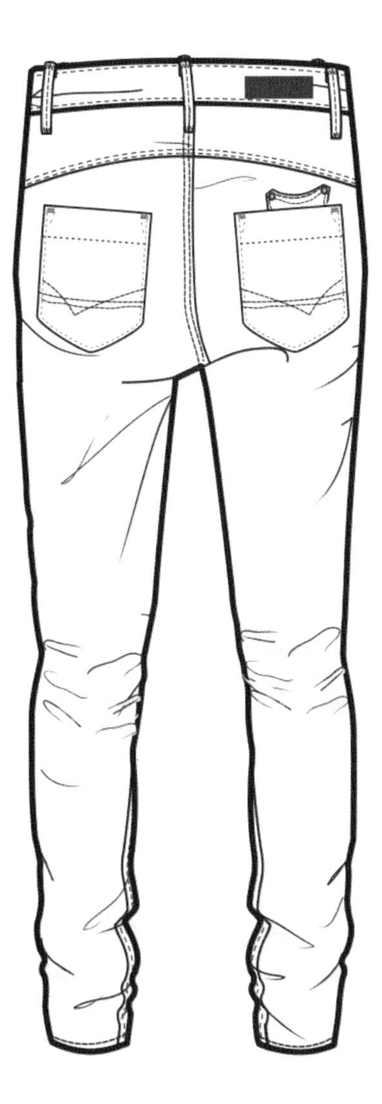

马瑞拉·埃特尔
ONLY，2012/13秋冬款
使用了Illustrator软件。

结合人物的平面款式图

使用第29页（J图）中的模板，你可以通过模特与服装相组合的方式创建一套服装，可以以增添色彩和渲染布料的方式增加视觉上的吸引力。为了能够更清晰呈现，你可以为每件服装配备平面款式图。

速写服装款式图示例

这套带有饰品的、已完成的服装图是基于第82页的模板，并由软铅笔（8B或9B）所画成的速写服装款式图。这是插图的风格，你可能会在杂志的“必备款”专题中看到。

第7章

绘制配饰

随着时装范围的日益扩展，对饰品的需求量也扩大了。现在每一个小小的时尚圈都有一系列的配件与之相伴，随之而来的还有不断壮大的设计、绘画以及插图。

可以将我们学到的许多技能运用在绘制配件上。由于他们是配件，通常比较小而且精细，需要相对形象的绘画风格——是一种介于对物品描述的真实感和平面款式图的实用性之间的风格——通常是最有效地用于沟通的手段。随着一点一点地尝试、试验，你会很快发现什么是最适合你的绘画风格，以及什么在设计中最起作用。

绘制服装的一个优点是，通过处理穿着的服装，在自觉或不自觉中我们有了视觉意识和知识。使我们了解了服装的平面形状和它的结构。但是对于鞋子来说，当我们把它脱掉时它仍然保持它的形状，我们往往没有去了解它的组成和形状结构之外的知识。我们需要在仔细观察和在视觉上分析配件这方面做一点额外的工作，以鞋作为例子。

绘制配件时你也可能会遇到一些有细微差异的材料。重要的是熟悉这些材料——各种档次和品质的皮革和反毛皮，金属扣和紧固零件——更不用说那些用来做鞋或者装饰鞋的其他材料。

然后有一些关于设计的实践性环节需要考虑：例如，在你的绘图中有一个钱包或手袋有着特别的关闭或折叠机制需要说明，那么你可能会决定将它们以打开或半打开的方式绘制。如果你绘制一个自己的设计——尚未实现的东西——那么你可以把绘图过程作为解决问题的一种方式，反复绘制以完善某些方面，然后拿出最好的设计。

创建模板

如图，在可能的情况下创建一个人体模板，它可以给你的设计带来很大的帮助。这样能作为一个答案来解答一系列问题中的第一项，即是否希望在人身上展示这些作品。这些在展示鞋类时尤为重要，例如，如果它还没有被准确地展示出来，那么想表现它设计的微妙之处就变得相当棘手。特别是系带子的鞋子，在不穿着，单独展示时，可能看上去像跛行，毫无整体感，所以最好是穿上展示。

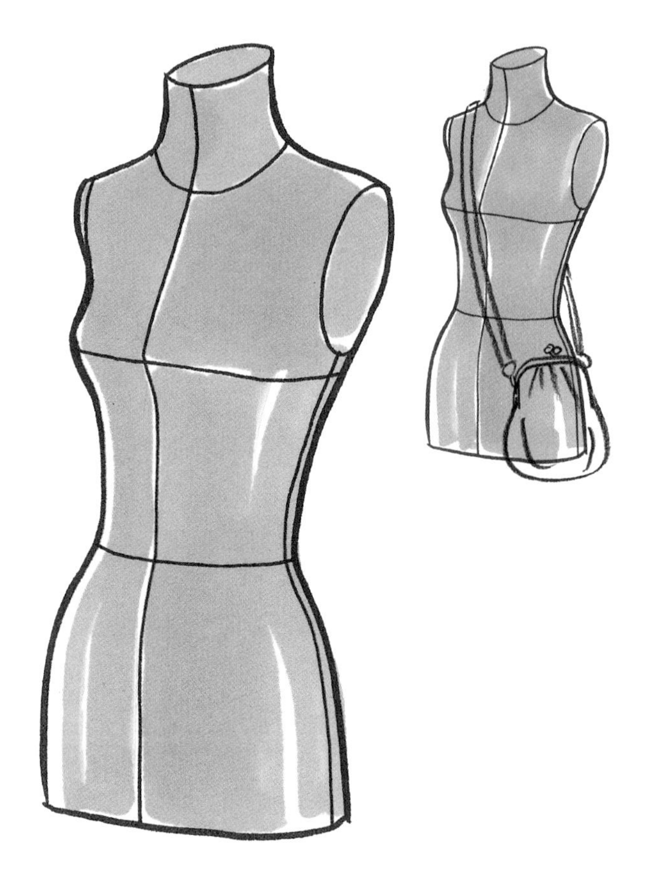

考虑到上文的问题，准备一系列穿在脚上的鞋子模板是非常好的主意，你甚至可以为它建一个库。这些能够为你想要设计或描绘的不同种类的鞋提供快速和准确的表现方法。他们很可能包括穿着平底鞋或高跟鞋的脚的姿势，为了展示靴子也许还会画上腿。同样的，准备一系列不同角度的、合乎比例的头部，躯干和手势的模板也是一个好主意。

为了实现这些设计，先将身体部位简化成几何形状，如：方形、球形和三角形并用铅笔轻轻勾画。然后你可以开始将主要比例和细节绘制在这些几何体上。一旦你对这些感到满意，你可以完成细节，勾线并在最终作品完成后擦掉铅笔的痕迹。

当你绘制这些饰品时会发现比例可能是一个问题，到底那个手袋或钱包有多大？你可能会注意到在杂志中，拍摄这些饰品时旁边通常有一个参照物——在手袋的旁边有口红或香水瓶、在鞋的旁边有一个登机箱之类的——这有助于描述这件物品的大小。带有一点点想象力，你可以把这个技巧同样巧妙地运用到你的绘画当中。把这件饰品放在模特身上也可以起到同样的描述大小的效果。例如，一条围巾可以小到手绢，大到披肩。然而，通过把它穿上展示，它的大小和用途就变得很明显了。

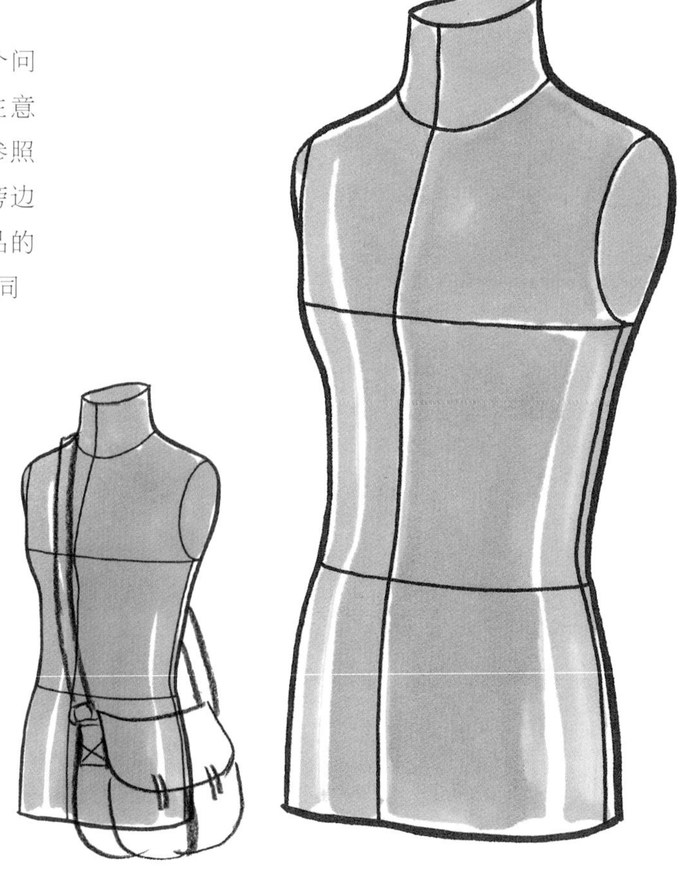

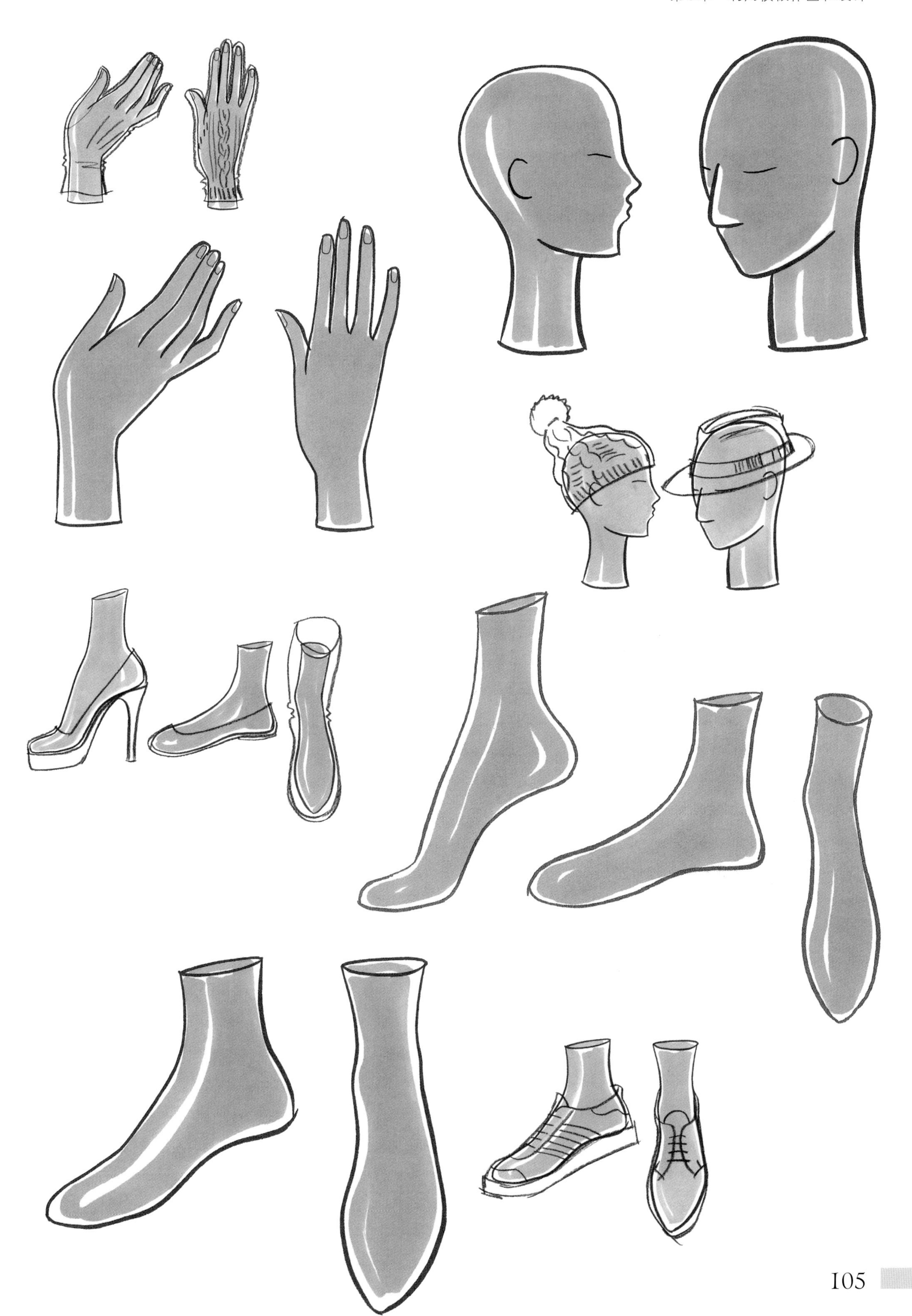

如何绘制女鞋

这些例子展示了如何使用一系列的工具绘制鞋，包括马克笔、铅笔、油画棒、软蜡笔等等，例如拓片等简单的技术也被使用了。在你的时间表里添加一些做试验的时间，好让你可以尝试不同工具和材料。

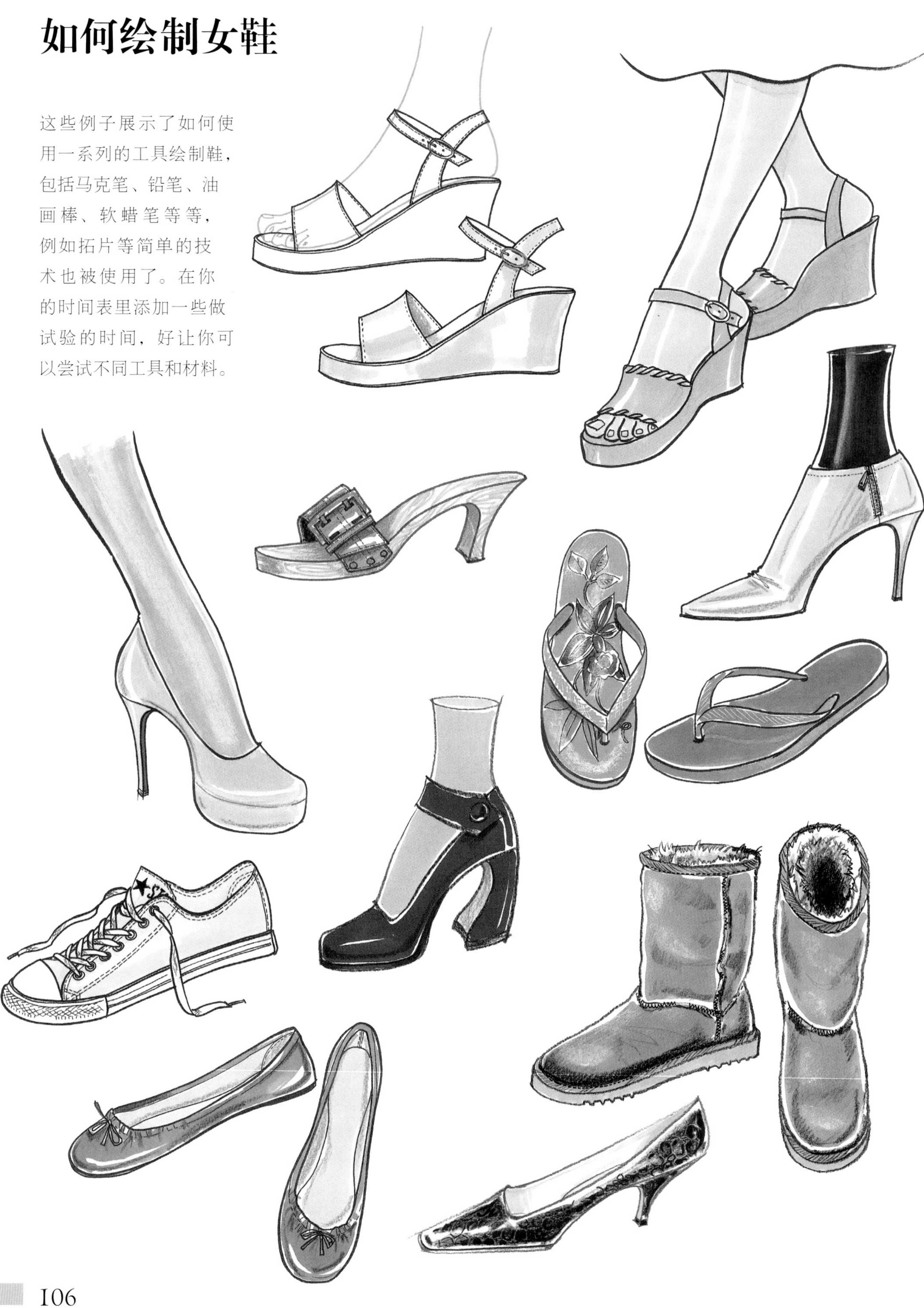

如何绘制男鞋

绘制男鞋的技术和女鞋相同。如果你正在同一页绘制男鞋和女鞋，记得男鞋绘制的要略大些，正如它们在现实生活中呈现的那样。

如何绘制女包

当你绘制包这类东西的时候，除非你正在绘制相同版本的基本形状，不然模板就使不上啦！所以最开始时用铅笔轻轻描出一个基本形。这就跟服装绘图时首先画出比例和细节，然后进行优化并添加更好的细节一样，只有当你完全满意之后，才将图勾线并上色。

如何绘制男包

绘制男包的技巧基本与女包相同，你可以进行相同的试验并发挥创造力。

女性配饰

以下这些配饰的布局和整体感与你在杂志页面上看到的相似，比如，“最潮装束”、“必入单品”、“当季流行”。通过一系列的渲染技巧和错落有致地排列，将它们的比例、尺度和用途以最好的方式准确地呈现出来。

男性配饰

尽管可能会与女性配饰存在着很多差别，但男性或许会有和女性差不多数量的饰品。这都将带来有趣、充满挑战性的绘制过程和试验机会。

第8章

时尚插画廊

我们将会在本章的开始，使用不同风格和技法来展示同一件服装。然后会展示一系列杰出的国际设计师以及一些正在成长的青年才俊为客户设计的最负盛名的时装画。这些作品几乎没有在公众视野中出现过，它们将揭开艺术家与设计师的设计过程，包括：反复绘制精细呈现物品的比例与细节的过程、设计过程中设计师的“自书”、用于向生产商传递信息的准确详实的设计文稿。多变的风格令人叹为观止。

同样，时尚也是循环的——潮流起起落落、不断重生和更新、解构和重组——时装画的风格也发生了变化，将传统插图和当代插画并列就可以很明显地看出。虽然有些看起来会一直流行，但其他作品不是，它们提供了一些灵光一闪的、鲜明的、独立的、令人鼓舞的表达设计的方式，它们可以进行解读和调整，以适应当今的技术辅助方式。

有些图纸以安静有效的方式发挥作用，另一些则一路高歌展现其活力。当我们看某些作品时，就好比我们在一个时尚、服装、饰品都有各自身份的世界里寻找自身的定位一样。除此以外，写实主义与准确表现占主导地位，同时一种更严格、不浮夸的图像风格也处于支配地位。如果插图作品可以实现其理念，那么这些同样有效。

在看这本书的过程中我们学到了一些如何创作好的绘画作品的规则和要求——或许最重要的就是“适用”。最终结果是通过这样一个过程获得的：在一个速写本上记录想法产生的过程，描绘并进一步完善，不断地提出疑问并做出判断，使呈现出的这件或这套服装更具吸引力，在技术上更准确并且传达出该设计的理念。然而正如我们将在这里看到的那样，可以忽略一些规则的限制（虽然这样，设计仍必须保持适当的目的性），并知道何时和如何做到这一点，而这正是一个伟大设计师或插画家的标志。

你将要如何绘制大衣？

当你掌握了书中概述的基本技能，并通过这本书的学习提升了信心和能力后，你现在就可以开始拓展自己的视野和发展自己的风格了。这或许包括尝试使用不同的工具和方式进行设计，也包含一些技巧的使用，你可以用它来帮助你建立一个工作文件夹来反映你自己的兴趣、特定技巧和能力以及通常被称为你自己的“手稿”的东西。在这里你可以看到同类型的服装是怎样使用截然不同的技术和不同的绘画风格来表现的。

玛蒂娜·法罗
客户：剑桥大学出版社
代理：New Division
使用Adobe Illustrator软件手绘，这件迷人的作品是关于一个露营的故事的。作品以一件画风轻松，有露营特点的派克式大衣以及其他相关的用具为特色。

爱丽丝·弗莱彻–奎纳尔
（Alice Fletcher–Quinnell）
这幅生动的绘图来自爱丽丝·弗莱彻–奎纳尔，呈现出一个轻松、休闲、自然的气氛。衣着是辨识一个人的绝佳方法，这张插图减少了对服装细节的表现，更多的是展现一种对于现代时尚的态度。此图片使用了独幅版画和Adobe Photoshop软件。

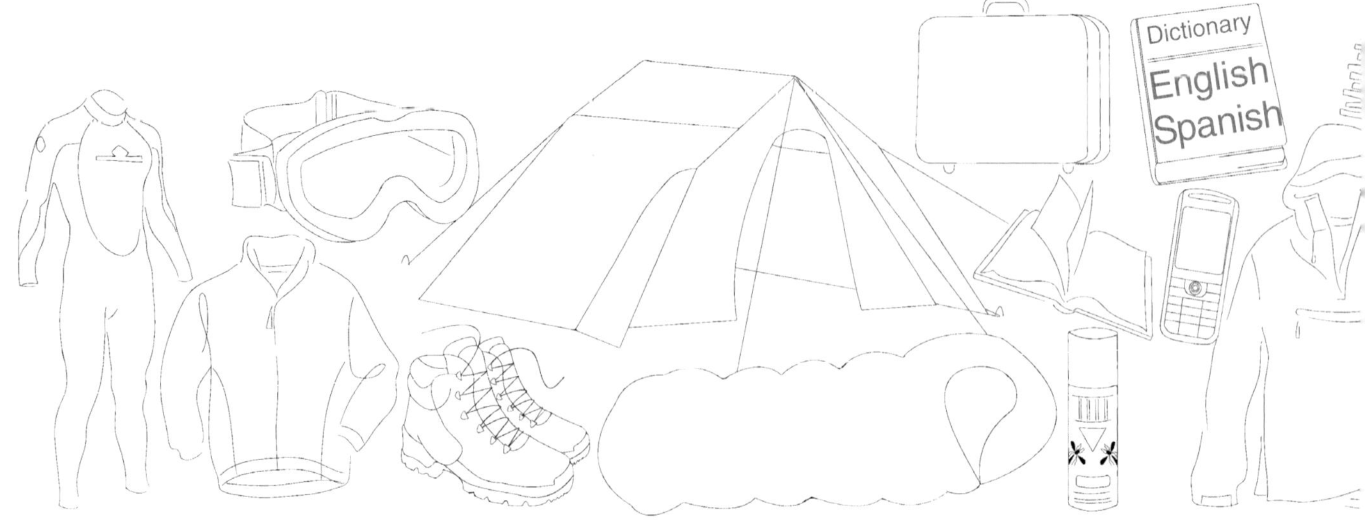

朱迪思·奇克

此图用一种轻松、自信的风格绘制。首先用一支软的6B铅笔勾画出轮廓图，然后用水彩铺出衣服的颜色。白色高光是先用蜡盖住，以防止铅笔痕和液体的染色。水彩绘制的蓝色天空极其简约，营造了一种氛围与大环境。细节被精细地描绘，但不过分复杂。

朱迪思·奇克

这张自由的速写竭力抓取时装的精髓，展示了一件实用的皮大衣以及一件迷人的晚礼服。

朱迪思·奇克

这张图使用了拼贴的手法。首先，用彩纸剪出简化版的人物形体和外衣，然后喷上黏合剂固定在背景上，之后用色粉添加服装的细节和人物面部表情。因为将手绘量减到了最小，所以保留下来的线显得清晰而明确。

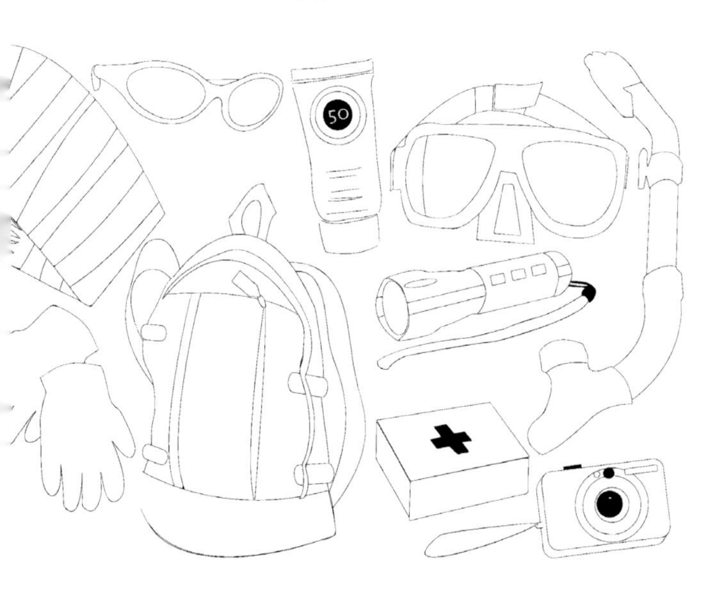

画　廊

霍华德·唐治（Howard Tangye）
“玛雅”加里阿诺的女孩（2007年秋/冬）
2007年3月，绘于约翰·加里阿诺（John Galliano）的工作室。运用综合材料的纸面作品，使用油画颜料、色粉和石墨。

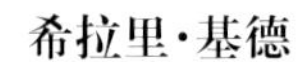

希拉里·基德
一幅用百丽笔绘制的简单却令人印象深刻的图像。

伊丽莎白·苏特（Elizabeth Suter）
图绘“收藏”
绘于1978年。使用纤维笔、铅笔和马克笔。

帕特里克·摩根
为亚历山大·麦昆（Alexander McQueen），创建的插图
使用钢笔和墨水，铅笔、蜡笔，滚筒和模板，所用纸张为310克萨默塞特纸。扫描，并在软件Adobe Photoshop进行颜色处理。

克莱尔·弗莱彻（Claire Fletcher）
这幅插图使用丙烯颜料在木材上绘制，并拼贴出娃娃的衣着。

帕特里克·摩根
使用笔、墨水和铅笔在310克萨默塞特纸上绘制。

莱斯利·赫斯特
（Lesley Hurst）
客户：《国际纺织品流行趋势》杂志
插图使用了Adobe Photoshop软件、拼贴和水彩。

莱斯利·赫斯特
客户：《国际纺织品流行趋势》杂志
插图使用了Adobe Photoshop软件、拼贴和水彩。

帕特里克·摩根

使用笔、墨水和铅笔沿着滚筒和模板的大致位置画出，所用纸张为310克萨默塞特纸。扫描并在Adobe Photoshop软件中进行色彩处理。

朱迪斯·奇克
丝网印刷

凯瑟琳·诺克斯(Cath Knox)
这是一幅使用笔和黑色墨水绘制的特色鲜明的图画。

凯瑟琳·诺克斯
使用纤维笔绘制。

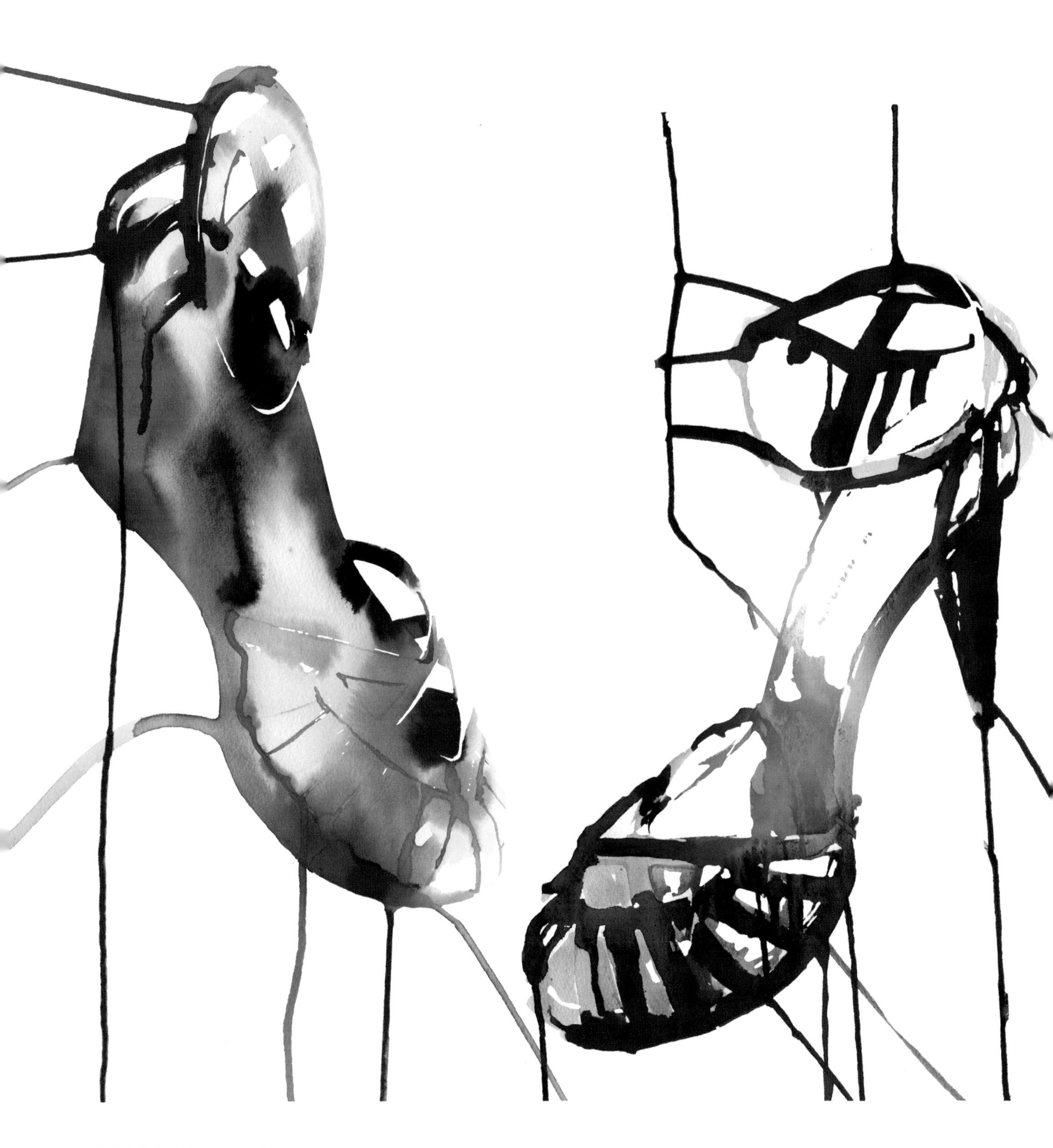

斯蒂娜·佩尔松（Stina Persson）
客户：西格森·莫里森（Sigerson Morrison），"百丽（Belle）"公司
这些鞋子是用水彩画的。

希拉里·基德
这些图的效果是使用百丽笔、马克笔和蜡笔进行渲染的。

伊恩·巴滕（Ian Batten）
设计图纸，使用的是纤维笔。

林达·凯利（Lynda Kelly）
圣马丁艺术学院，1938至1940年。
这幅复古的插图使用了混合工具，包括水彩和蜡笔。

雷玛兹·纳瑞瓦拉（Hormazd Narielwalla）
在纽约SCOPE展览馆的“市集（Markt）”展览中展出，这是《Coilhouse》杂志的一篇社论的配图，描绘了已故的艺术家克劳斯·诺米（Klaus Nomi）。它是一幅使用了裁缝图案的照片和矢量图的数字拼贴画。

罗莎琳·肯尼迪（Rosalyn Kennedy）
插图使用了百丽笔、木炭和柔软的色粉，画在彩色纸上。

林达·凯利
圣马丁艺术学院，1938至1940年。
这幅复古的插图使用了混合工具，包括钢笔、墨水和水彩。

玛蒂娜·法罗
代理：New Division，2010至2011年的宣传资料。
作品使用Adobe Illustrator CS3创作。

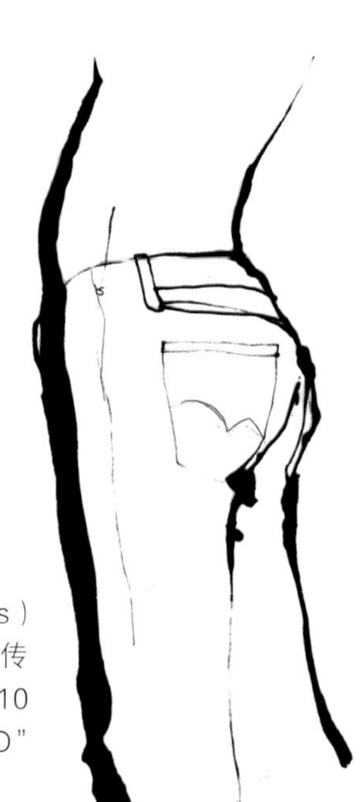

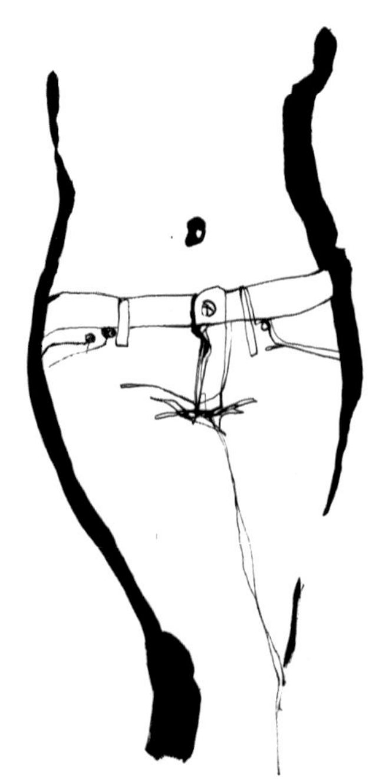

斯蒂娜·佩尔松
客户：李维斯（Levi’s）
墨水画，作为店内宣传和吊牌图像使用，2010年“Levi’s Curve ID”系列。

帕特里克·摩根

使用钢笔、墨水和铅笔绘制在310克萨默塞特纸上。用百丽笔、蜡笔、钢笔、铅笔、滚筒和模板等标记出块状区域。扫描后在Adobe Photoshop上进行颜色处理。

凯瑟琳·诺克斯

这个形象是用墨水和水粉创造的。

霍华德·唐治
"Sue B"：一个朋友的肖像，使用包括墨水和拼贴撕裂的纸张在内的混合方式。

琳达·凯利
圣马丁艺术学院，课堂作业，1939年。这幅复古的插图使用了混合工具。

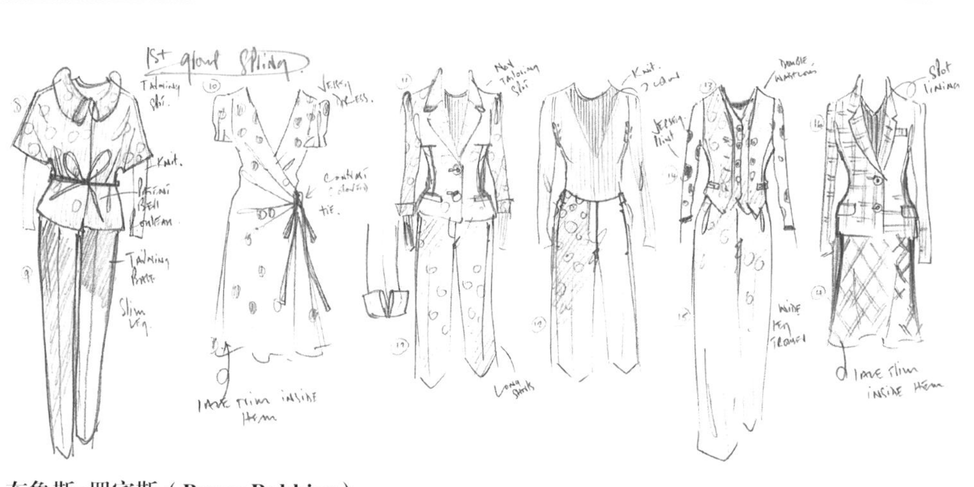

布鲁斯·罗宾斯（Bruce Robbins）
软铅笔绘制的设计图纸。

尼尔·格里尔
这幅手绘插图使用了数位板
和电脑软件Painter。

保罗·维林（Paul Wearing）
客户：《国际纺织品流行趋势》杂志
数字绘制的插图。

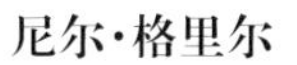

尼尔·格里尔
这幅手绘插图使用了数位板
和电脑软件Painter。

凯瑟琳·诺克斯
这幅插图的绘制使用了纤维笔。

伊丽莎白·苏特
该画刊登于《收藏》，1978年。使用了纤维笔、铅笔和马克笔。

朱迪斯·奇克
使用油画棒绘制的插图。

安西娅·西姆斯（Anthea Simms）
使用印度墨汁绘制的单色图像。

克莱尔·弗莱彻
纸上丙烯

凯瑟琳·诺克斯
客户：Cotton Board，1975年夏。
该作品使用了马克笔和铅笔。

Chloé

莱斯利·赫斯特
客户：《国际纺织品流行趋势》杂志
纸品拼贴。

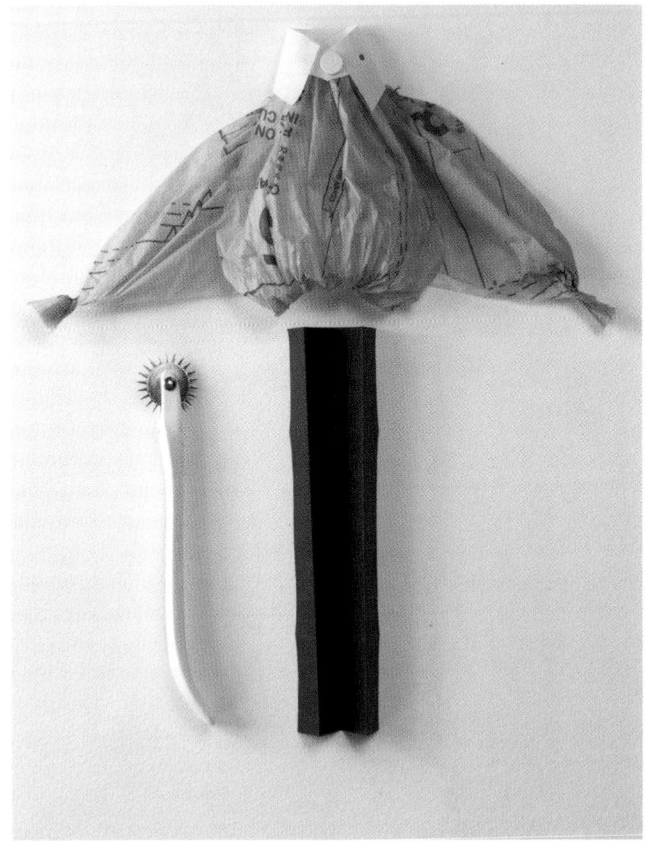

莱斯利·赫斯特
客户：《国际纺织品流行趋势》杂志
纸品拼贴。

帕特里克·摩根
对页作品：用钢笔、墨水和铅笔绘制在310克萨默塞特纸上。百丽笔、蜡笔、钢笔、铅笔、滚筒和模板被用于标记的区域。扫描并在Adobe Photoshop软件中进行色彩处理。

朱迪思·奇克
丝网印刷

希拉里·基德
该图使用了纤维笔和百丽笔。

查理·艾伦（Charlie Allen）
“夏日婚礼”，使用圆珠笔和马克笔绘制。

帕特里克·摩根
该图用铅笔绘制在310克萨默塞特纸上。百丽笔、蜡笔、钢笔、铅笔、滚筒和模板被用于标记的区域。扫描并在Adobe Photoshop 软件中进行色彩处理。

帕特里克·摩根

该图是用钢笔、墨水和铅笔绘制在310克萨默塞特纸上的。百丽笔、蜡笔、钢笔、铅笔、滚筒和模板用于标记的区域。扫描并在Adobe Photoshop软件中进行色彩处理。

碧绮·贝里克（Pik Yee Berwick）
软铅笔素描

霍玛兹·纳瑞瓦拉
数字拼贴画

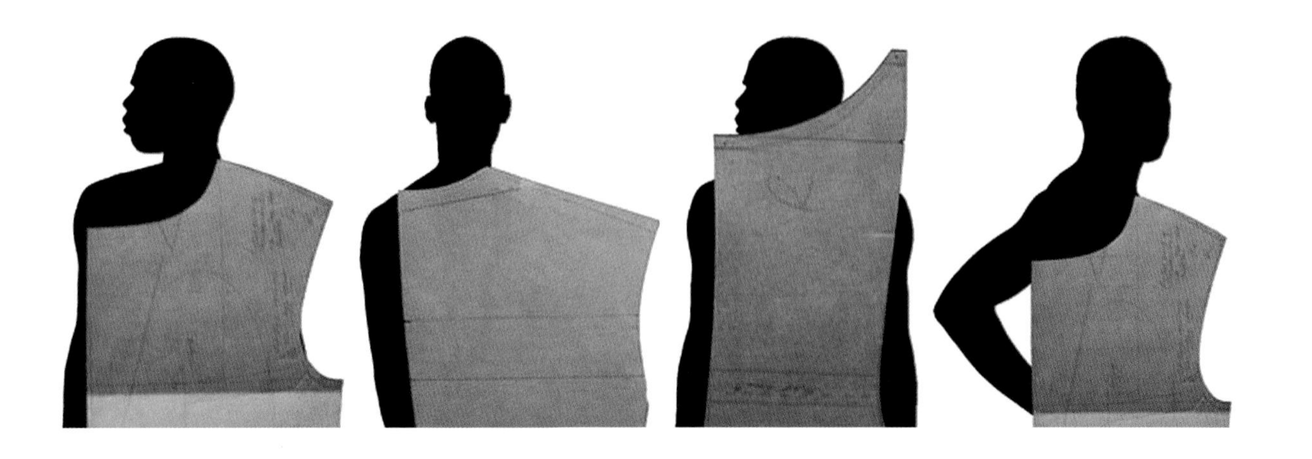

伊冯·迪肯
先用铅笔勾画轮廓，然后扫描并使用Adobe Photoshop软件进行填充。

帕特里克·摩根
用黑色墨水和铅笔绘制在310克萨默塞特纸上。

伊冯·迪肯
下图：该图使用了铅笔和水彩，并用墨水在纸上画出抽象的斑纹。扫描并使用Adobe Photoshop软件进行完善。

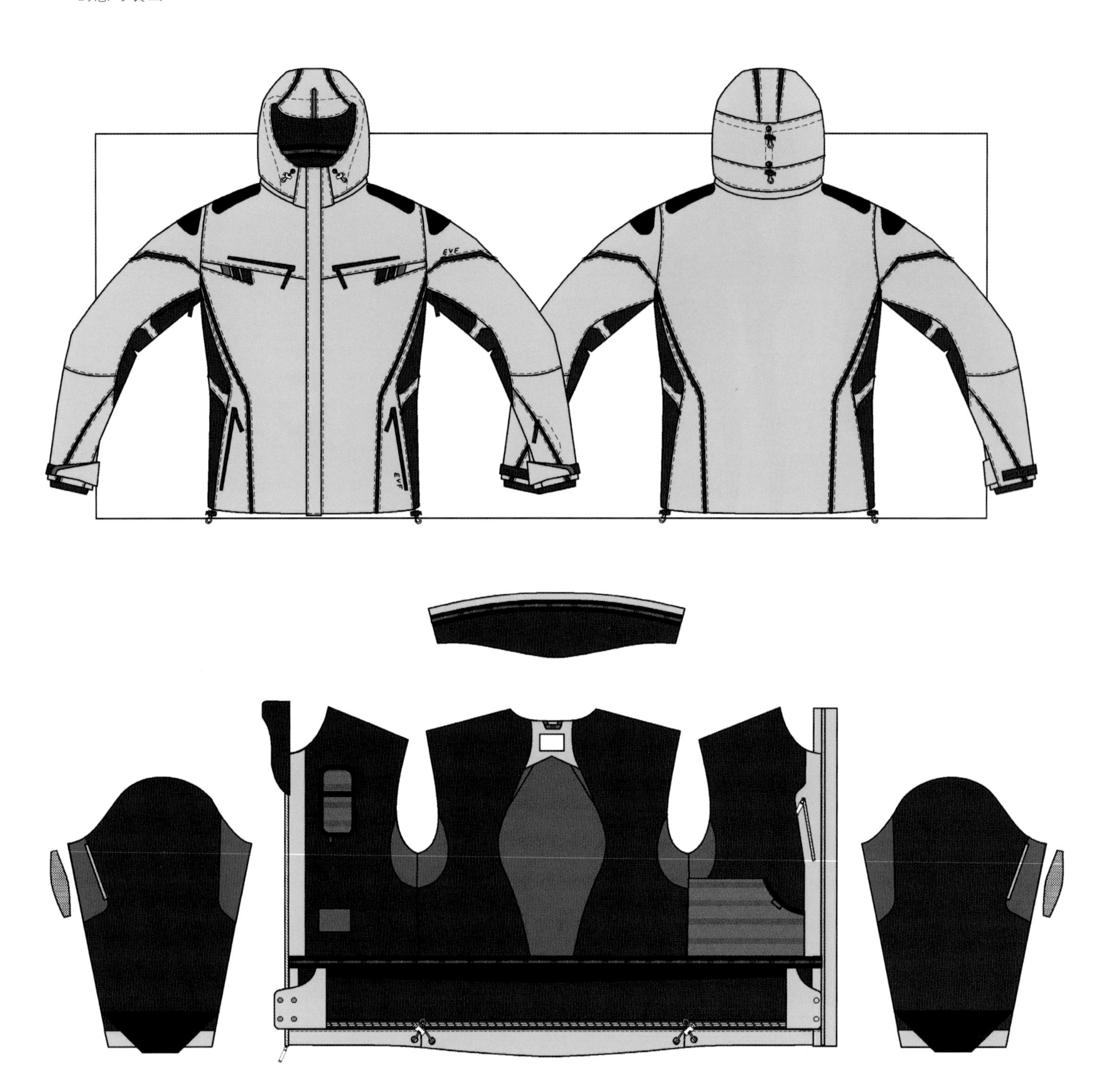

克莱尔·达德利·哈特（Clare Dudley Hart）
客户：EVF公司——滑雪服的技术图纸
使用数位板绘制。

保罗·维林
对页图
客户：《国际纺织品流行趋势》杂志
数字绘图

玛蒂娜·法罗
代理：New Division
“花卉”——产品促销，
2010至2011年
使用Adobe Illustrator
CS3绘制。

希拉里·基德
插图用百丽笔、马克笔、钢笔和色粉绘制。

琳奈特·库克
“卢小姐”
使用Adobe Illustrator
CS3绘制。

罗莎琳·肯尼迪

插图用百丽笔、铅笔、水彩和色粉绘制。

霍华德·唐治

“埃米莉”，为艾莉莎·帕洛米绘制，2009至2010年

纸上混合材质。

安西娅·西姆斯
铅笔素描

凯塔琳娜·古尔德
客户：Bestseller（ONLY）
手绘和数字处理。

凯塔琳娜·克尔德
客户：Bestseller（ONLY）
手绘和数字处理。

罗莎琳·肯尼迪
客户：Nigel French Enterprises
使用纤维笔和Letratone牌格纹纸。

希拉里·基德
使用百丽笔、马克笔和瓷器记号笔绘制。

霍华德·唐治

对页插图

“埃洛迪”加里阿诺的女孩（2007年秋冬），绘制于在巴黎的约翰·加里阿诺的工作室。

纸上混合材料。

保罗·维林

客户：Neiman Marcus–The book

数字绘图

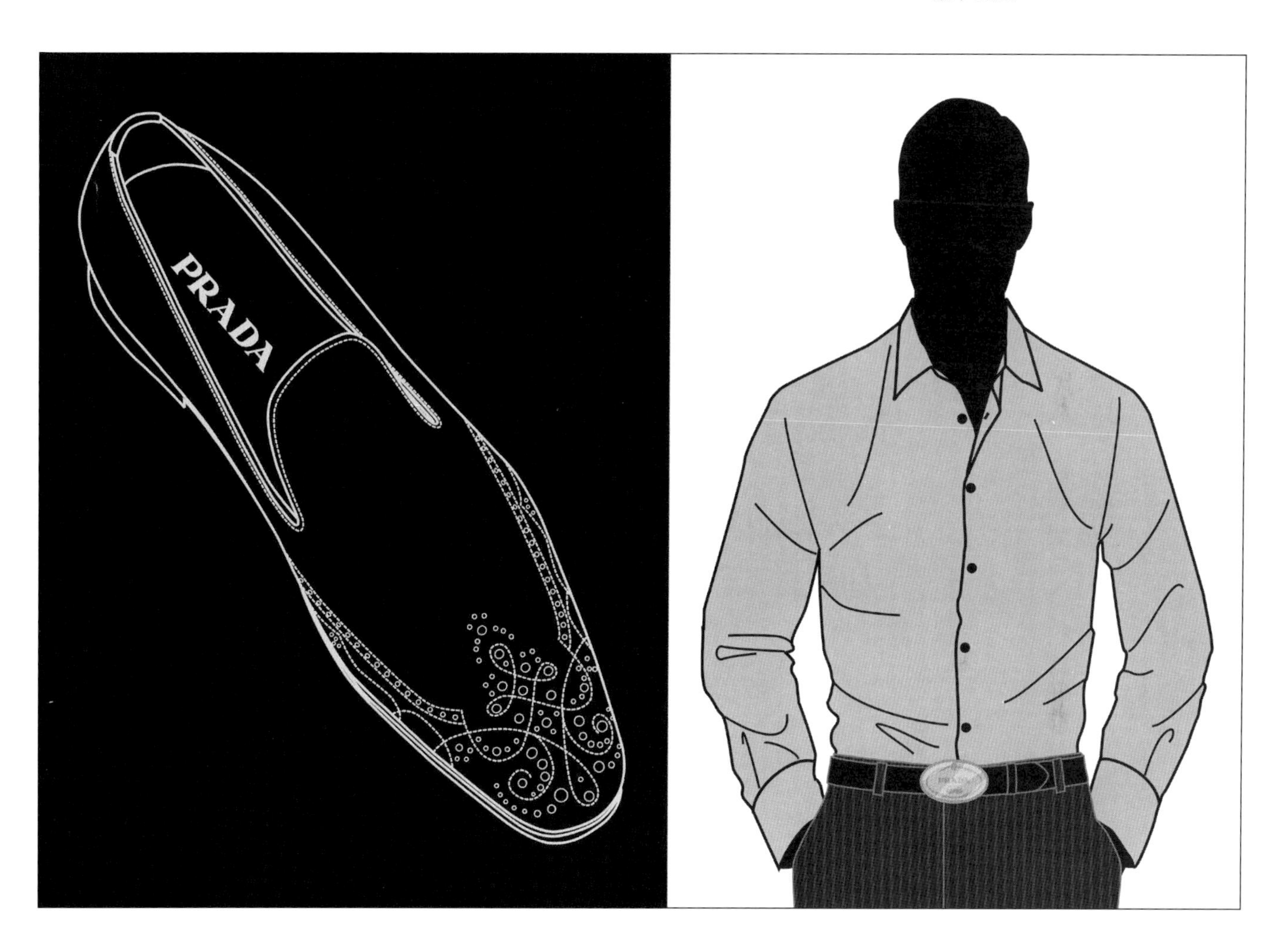

索菲亚·可可萨拉齐（Sophia Kokosalaki）

客户：克里斯蒂娜·古尔丹（christina Gourdain）

婚礼定制

手绘并扫描到电脑上。

亨利埃塔·古登（Henrietta Goodden）

客户：意大利花边的宣传，2006年秋冬

用铅笔进行草图和设计，并用百丽笔、黑色蜡笔和Letratone牌格纹纸完成该作品。

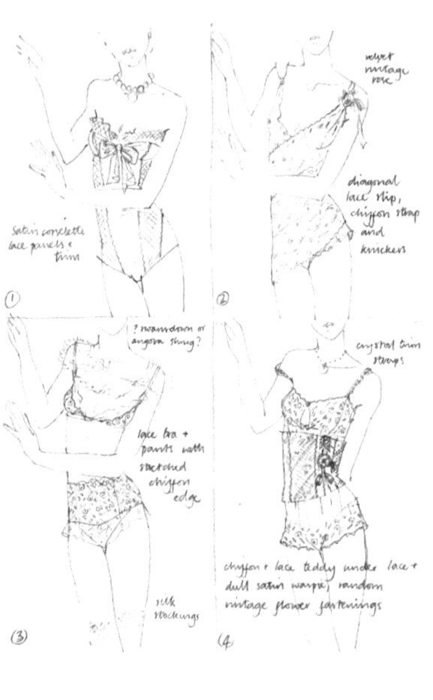

希拉里·基德

用百丽笔、瓷器记号笔和马克笔绘制。

罗西·麦克莱兰（Rosie McClelland）
“婚礼”，2011年
钢笔和水彩插图。

保罗·维林
客户：Neiman Marcus–The book
数字插图

帕特里克·摩根
对页插图
使用钢笔、墨水和铅笔绘制在310克萨默塞特纸上。

霍玛兹·纳瑞瓦拉
客户：Les Garcons de Glasgow
街拍摄影师的插图
丹尼尔·斯特恩和乔纳森·普赖斯
2011年11月
数字拼贴的剪裁方式，矢量插图和摄影。

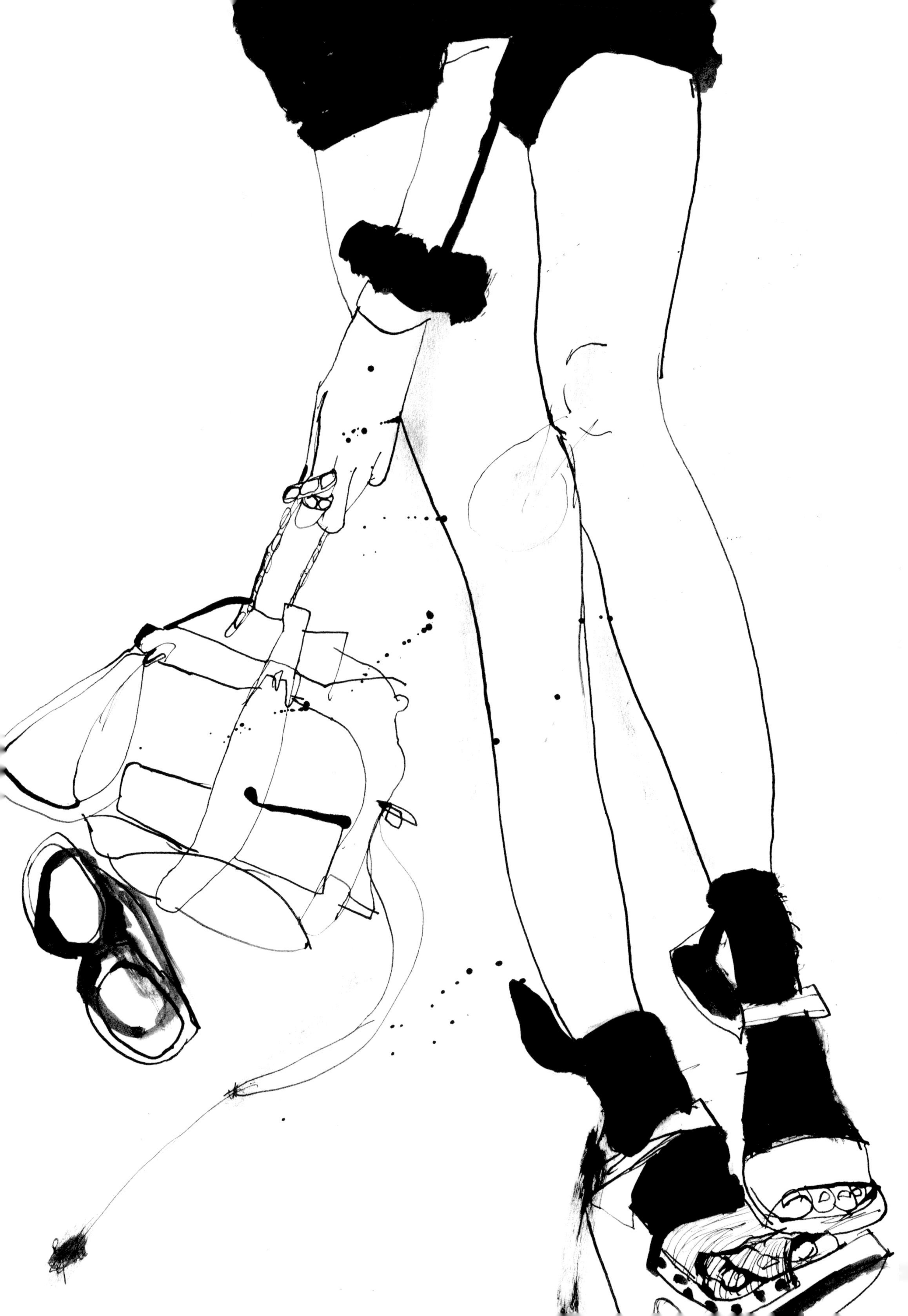

斯蒂娜·佩尔松
使用墨水和剪纸创作。

霍华德·唐治
“杰克”，人像，2011年
纸上混合材质。

帕特里克·摩根
用钢笔和墨水画在310克萨默塞特纸上。百丽笔、蜡笔、钢笔、铅笔、滚筒和模板被用在标记的区域。扫描并在Adobe Photoshop软件里做色彩处理。

帕特里克·摩根
对页插图
用钢笔和墨水绘制在310克萨默塞特纸上。百丽笔、蜡笔、钢笔、铅笔、滚筒和模板被用在标记的区域。扫描并在Adobe Photoshop软件里做色彩处理。

比利·阿特金（Billy Atkin）
客户：Design Intelligence，20世纪80年代
该图使用了尖的细纤维笔和Letratone牌格纹纸。

玛丽·埃迪维恩（Mary Edyvean）
客户：Deryck Healey International
1978至1979年
使用纤维笔绘制。

斯蒂娜·佩尔松
客户：《W》杂志 – Van Astyn牌手袋 – 摘要传播，2010年
使用钢笔和墨水绘制。

罗莎琳·肯尼迪
客户：Prism，1981年
五个人物的插图，用了纤维笔。

凯瑟琳·诺克斯
这两幅插图使用拼贴布料并用醋酸在表面绘制。

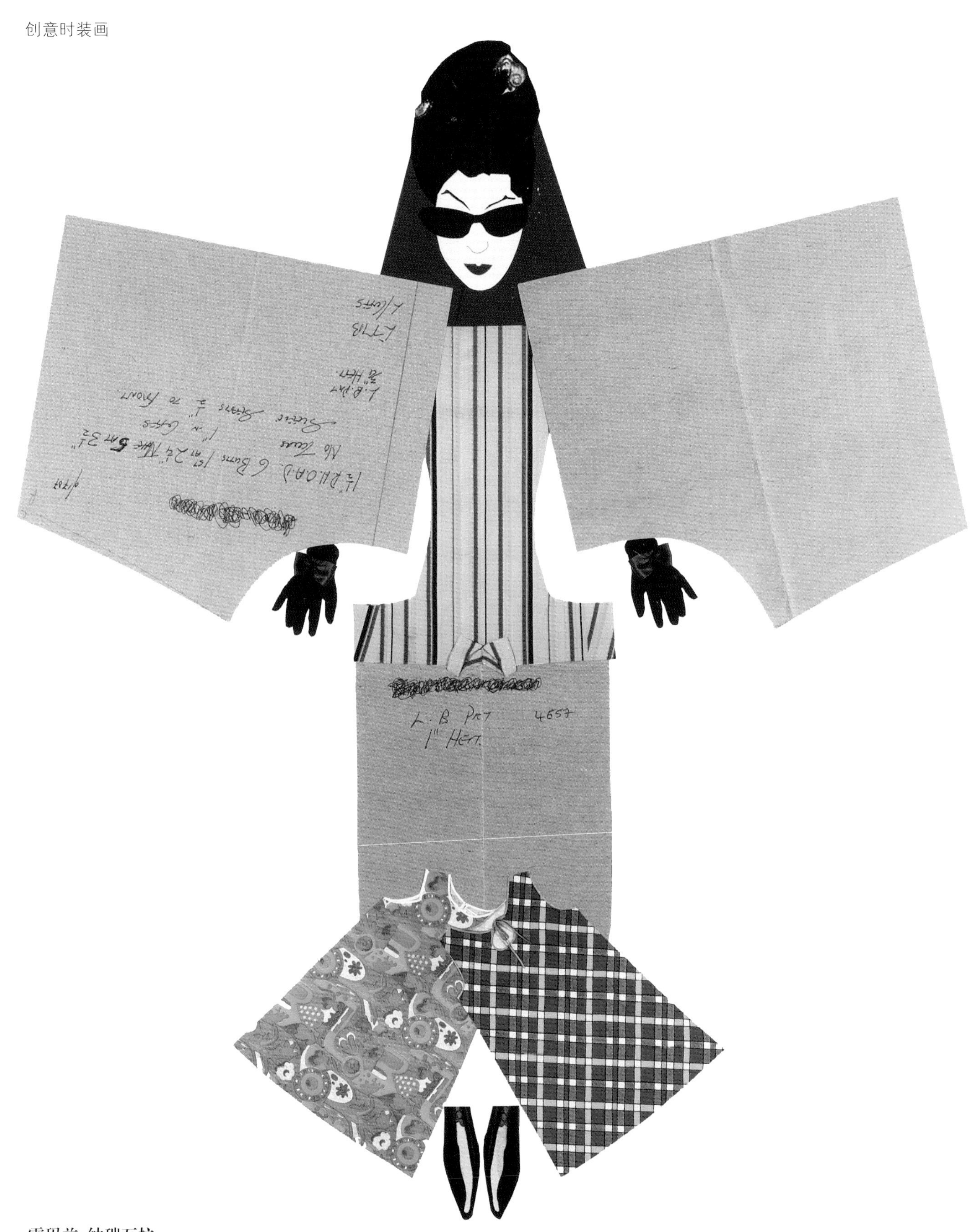

霍玛兹·纳瑞瓦拉

客户：ATOPOS CVC，雅典，希腊

2011年5月“RRRIPP纸上时尚”巡回展，时装插图画的是时尚偶像戴安娜王妃。

使用了纸张拼贴画、矢量插图、裁缝图案和来自ATOPOS存档的纸张连衣裙的复制品。

霍华德·唐治

对页插图

“亚瑟”，约在2004年。

使用混合材质绘制在卡片上。

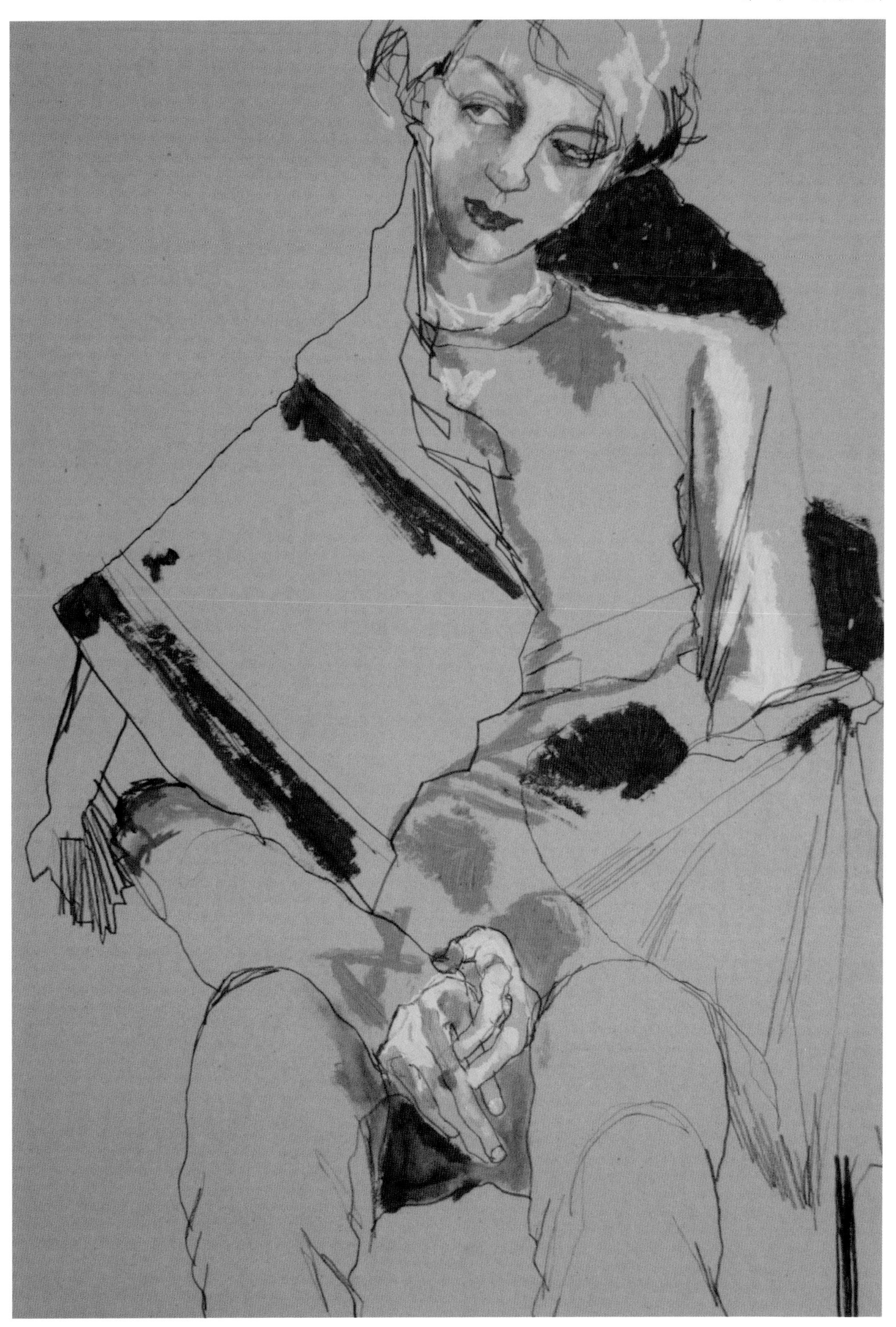

贡献者

美国洲际大学
www.aiuniv.edu

布莱顿大学
伊冯娜·迪肯 – 高级讲师
时尚纺织品视觉研究
www.brighton.ac.uk

中央圣马丁艺术学院
霍华德·唐冶 – 女装高级讲师
www.csm.arts.ac.uk

查理·艾伦
www.charlieallen.co.uk

伊恩·巴滕
ianbatten2002@yahoo.com

碧绮·贝里克
berwick1@nyc.rr.com

诺埃尔·查普曼
nbassociates@btinternet.com

朱迪思·奇克
judith.cheek@btinternet.com

织物商店
www.theclothshop.net

纳内特·库克
coookbook@yahoo.co.uk

伊冯娜·迪肯
yvonnedeacon@googlemail.com

玛丽·埃迪维恩
mary.wilson2010@hotmail.co.uk

玛丽·埃特尔
mariellaertl@gmx.de

玛蒂娜·法罗
代理：NEW DIVISION
www.newdivision.com
www.martinafarrow.com

克莱尔·弗莱彻
www.clairefletcherart.co.uk

亨利埃塔·古登
henri@post.com

尼尔·格里尔
neiltendenz@aol.com

凯塔琳娜·克尔德
www.katharinagulde.com

克莱尔·达德利·哈特
clarehart@btinternet.com

莱斯利·赫斯特
lesley.hurst@virgin.net

罗莎琳·肯尼迪
rosalynkennedey@hotmail.com

希拉里·基德
www.hilarykidd.co.uk

索菲亚·可可萨拉齐
www.sophiakokosalaki.com

罗西·麦克莱兰
www.rosiemcclelland.co.uk

帕特里克·摩根
www.patrickmorgan.co.uk

霍玛兹·纳瑞瓦拉
www.narielwalla.com

斯蒂娜·佩尔松
代理：CWC–i www.cwc–i.com
www.stinapersson.com

布鲁斯·罗宾斯
bdrobbins@btinternet.com

米切尔·萨姆斯
m@mitchellsams.com

安西娅·西姆斯
www.antheasimms.com

霍华德·唐冶
www.howardtangye.com

《国际纺织品流行趋势》杂志
www.view–publications.com

安妮–玛丽·沃德
工作区的照片，第2页

保罗·维林
www.paulwearing.co.uk

希拉里·基德
使用百丽笔、马克笔绘制。

出版后记

杂志上个性突出、画风清新亮丽的时装画插图是不是常常会让你眼前一亮、欣喜异常。插图里颜色多变、形制各异的潮流服饰是不是常常会吸引你的眼球，让你心潮澎湃。于是你往往就会头脑一热、摩拳擦掌，开始挥毫泼墨。但是却常常会遭遇这样的窘境：不懂基本技巧，一头雾水不知从何画起，或是画技太差，没有成熟的风格，绘制时不能尽情表现。那么此时，你就需要一本实用的时装画技法书来帮你摆脱困境，尽情描绘创意新时尚。

本书即是这样一本关于时装画绘制方法和技巧的书，它以大量彩图辅助知识性内容的讲解，生动形象、决不枯燥。数量众多的彩色插图搭配简洁精炼的文字说明，不仅展示了时装画绘制过程中的主要步骤和重要细节，也集中呈现了各种绘画工具和材料的运用方法及特性。所配插图线条流畅、笔触细致、简洁清晰，能够帮助读者直观、快速掌握时装画绘制要领。本书为读者解答困惑：从什么地方开始绘制？怎么更好地表现服装质感？怎样快速、有效地提升时尚感和个性？怎样让灵感转化为实际的作品，并呈现出自己独特的想法和感悟？

作者结合多年来从事时装画绘制、创作的经验，提出了一些新颖的、行之有效的方法，如利用可调节模板快速构图，利用速写本记录灵感等。此外，最后一章还收录了大量知名设计师在此之前未曾公开出版发表过的时装画手稿。

当然，本书也可视为一本创意集锦，书中充满了可以启迪灵感和帮助提升创造力的新鲜元素。在阅读本书的时候，尤其是观看那些风格多样、时尚个性的时装画时，就如同参加一场神奇之旅。这些精彩的、极富创意的插图能够为你的创作注入新的动力和激情。正如作者在文中所说的那样：尝试一系列不同的媒介，任何事情都可以熟能生巧。快进行有趣的尝试吧！

衷心希望本书的启发和指引能对喜爱或有志于绘制时装插画的各位有所裨益——更坚定地成为时装插画设计大师或者是更轻松地利用各种材料表现各类时装。

此外，为了更好地满足读者的对绘画技法的学习参考需要，接下来，我们会陆续出版一系列绘画技法教程，如《动物素描基础》、《水彩画的实质》、《如何用油彩去画光影》、《数码绘画初学指南》等，敬请关注。

对于书中可能存在的错漏之处，欢迎读者批评指正。

服务热线：133-6631-2326　188-1142-1266

服务信箱：reader@hinabook.com

后浪出版公司

2014年11月

图书在版编目（CIP）数据

实用创意时装画 /（英）查普曼,（英）奇克著；王真译.——北京：北京联合出版公司，2015.1

ISBN 978-7-5502-3855-8

Ⅰ.①实… Ⅱ.①查…②奇…③王… Ⅲ.①时装—绘画技法 Ⅳ.①TS941.28

中国版本图书馆CIP数据核字（2014）第254382号

实用创意时装画

著　　者：（英）诺埃尔·查普曼　（英）朱迪思·奇克

译　　者：王　真

选题策划：后浪出版公司

出版统筹：吴兴元

特约编辑：杨　青

责任编辑：徐秀琴

封面设计：橡皮筋设计工作室

营销推广：ONEBOOK

装帧制造：墨白空间

北京联合出版公司出版

（北京市西城区德外大街83号楼9层　100088）

北京缤索印刷有限公司印刷　新华书店经销

字数200千字　889×1194毫米　1/16　10印张　插页2

2015年1月第1版　2015年1月第1次印刷

ISBN：978-7-5502-3855-8

定价：60.00元

后浪出版咨询（北京）有限公司常年法律顾问：北京大成律师事务所　周天晖　copyright@hinabook.com